→ Aperçu

LA LOGIQUE

DAN CRYAN, SHARRON SHATIL
& BILL MAYBLIN

edp sciences

Dans la même collection :

La relativité en images, 2015, ISBN : 978-2-7598-1728-3

Le temps en images, 2014, ISBN : 978-2-7598-1228-8

La théorie quantique en images, 2014, ISBN : 978-2-7598-1229-5

La physique des particules en images, 2014, ISBN : 978-2-7598-1230-1

La psychologie en images, 2014, ISBN : 978-2-7598-1231-8

Édition originale : Logic, © Icon Books Ltd, London, 2013.
Traduction : Anne Confuron

Imprimé en France par Présence Graphique, 37260 Monts
Mise en page de l'édition française : studiowakeup.com

ISBN : 978-2-7598-1748-1

Qu'est-ce que la logique?

Rien de plus naturel dans une conversation que d'avancer des arguments. Nous essayons de convaincre la personne avec laquelle nous discutons que nous avons raison, que notre conclusion a sa place après tout ce que nous venons d'énoncer et qu'elle va l'accepter. Cela n'aurait rien de constructif si nous ne pouvions pas savoir à quel moment une chose découle d'une autre. Ce que l'on fait souvent passer dans une conversation comme argument ne fait pas l'affaire.

C'est clairement idiot parce qu'il y n'y a rien pour relier la vérité de la conclusion à celle des allégations. Ce dont nous avons besoin, c'est de nous assurer que la vérité des allégations est préservée par le raisonnement. La logique est tout simplement l'étude des *arguments qui préservent la vérité*.

L'étude des phrases

Le philosophe grec **Aristote** (384-322 avant notre ère) a été le premier à nous donner l'idée d'un outil (organon) pour argumenter de façon convaincante. Cette étude incluait de la grammaire, de la rhétorique et une théorie de l'interprétation, ainsi que de la logique. La première chose que fait Aristote, c'est de discuter à propos des phrases.

1. Singulier:	Socrate est un homme.
2. Universel:	chaque homme est mortel.
3. Particulier:	certains hommes sont mortels.

Les objets dont nous parlons (par exemple des noms comme Socrate et tables, des noms abstraits comme la *marche* et des pronoms comme *quelqu'un* et *tout le monde*) qu'Aristote désigne comme étant le **sujet** de la phrase.

Ce que nous disons à propos du sujet de la phrase (par exemple des verbes comme *est en train de manger* et *est tombé*, des adjectifs comme *c'est difficile* et des noms comme *homme* dans des phrases comme « Socrate est un homme »), c'est qu'Aristote désigne comme étant le **prédicat**.

Le carré des oppositions

Aristote a remarqué que la vérité de certaines phrases sujet-prédicat a un effet sur la vérité d'autres phrases sujet-prédicat.

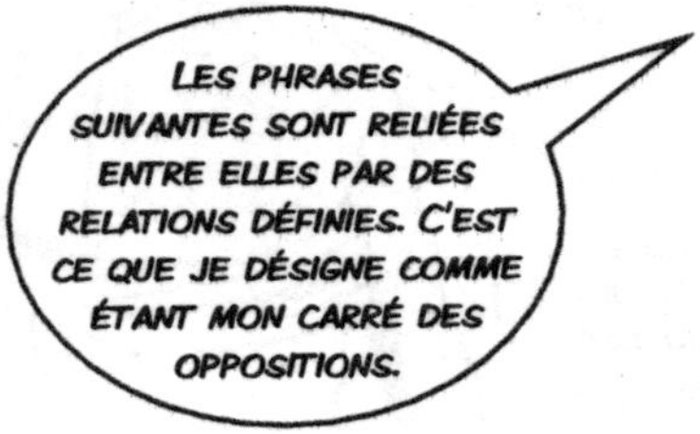

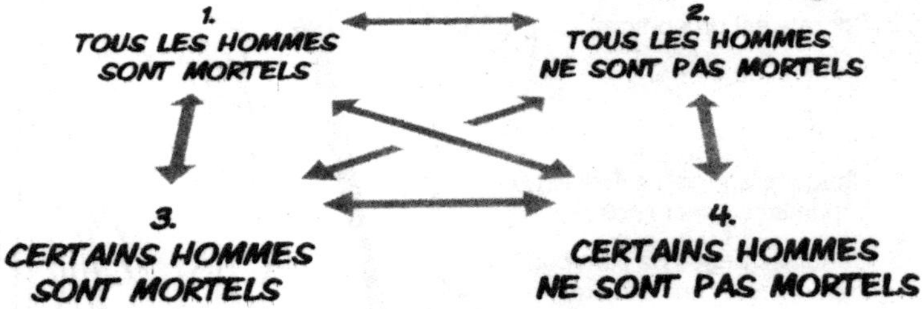

Les phrases **1** et **2** ne peuvent pas être toutes les deux vraies.

Les énoncés en diagonal **1** et **4** sont connus pour être **contradictoires**. Tant qu'il y a des êtres humains, l'un d'eux doit être vrai mais jamais les deux – la vérité de l'un garantit que l'autre est faux.

C'est la même chose pour les énoncés **2** et **3** en diagonal.

Les phrases **1** et **3** peuvent être vraies toutes les deux. Si **1** est vrai, alors **3** doit être vrai mais **3** étant vrai ne signifie pas que **1** doit être vrai.

C'est la même chose avec **2** et **4**. La même relation équivaut entre **«Tous les hommes sont mortels»** et **«Socrate est mortel»**.

Le syllogisme

En utilisant le carré des oppositions, Aristote a remarqué un élément mystérieux. Prenez une phrase comme « Socrate est un homme ». Si un raisonnement de trois énoncés est construit de façon à ce que le sujet du premier énoncé soit le prédicat du second (désignons-les comme les **principes**) et que le troisième énoncé soit composé des éléments restant (c'est la **conclusion**), alors la vérité de la conclusion est garantie par la vérité des principes.

1. Tous les hommes sont mortels
2. Socrate est un homme
3. Socrate est mortel

VALIDE

1. Chaque page de ce livre est imprimée à l'encre noire
2. Certaines pages ne sont pas imprimées à l'encre noire
3. Celles-là ne sont pas des pages de ce livre

VALIDE

1. Je soutiens Arsenal
2. Arsenal est à Londres
3. Arsenal remportera la Coupe

NON VALIDE

Aristote a oublié des énoncés conditionnels qui ont plus d'un prédicat, par exemple **« Si Socrate est un homme, alors Socrate est mortel ».**

Nous avons donc maintenant deux raisons pour lesquelles l'argument « Arsenal est à Londres donc le Club remportera la Coupe » est faux. La première vient de ce qui est dit. Il est impossible que le fait que je soutienne Arsenal et que ce Club soit à Londres soit suffisant pour garantir qu'Arsenal remportera la Coupe. Mais il y a aussi la raison officielle selon laquelle le prédicat du premier principe n'est pas le sujet du second.

La logique connective

Une centaine d'années plus tard environ, **Chrysippe de Soles** (environ 280–207 avant notre ère) a changé l'objectif de la logique en passant des déclarations simples sujet-prédicat aux déclarations complexes comme : « Socrate est un homme *et* Zeno est un homme ». C'était une avancée majeure. On disait : « Si les dieux utilisaient la logique, ce serait celle de Chrysippe ». Comme nous le verrons, c'est la même chose pour nous humains mais il nous a fallu quelques millénaires pour le comprendre.

Chacune de ces *connectives* a une manière unique d'associer la vérité des différentes parties dans celle de l'ensemble.

Par exemple, le « ou » connectif et uniquement le « ou » connectif peut être utilisé de la façon suivante.

Soit Mahomet ira à la montagne

ou

la montagne ira à Mahomet.

Mahomet n'est pas allé à la montagne donc la montagne est allée à Mahomet.

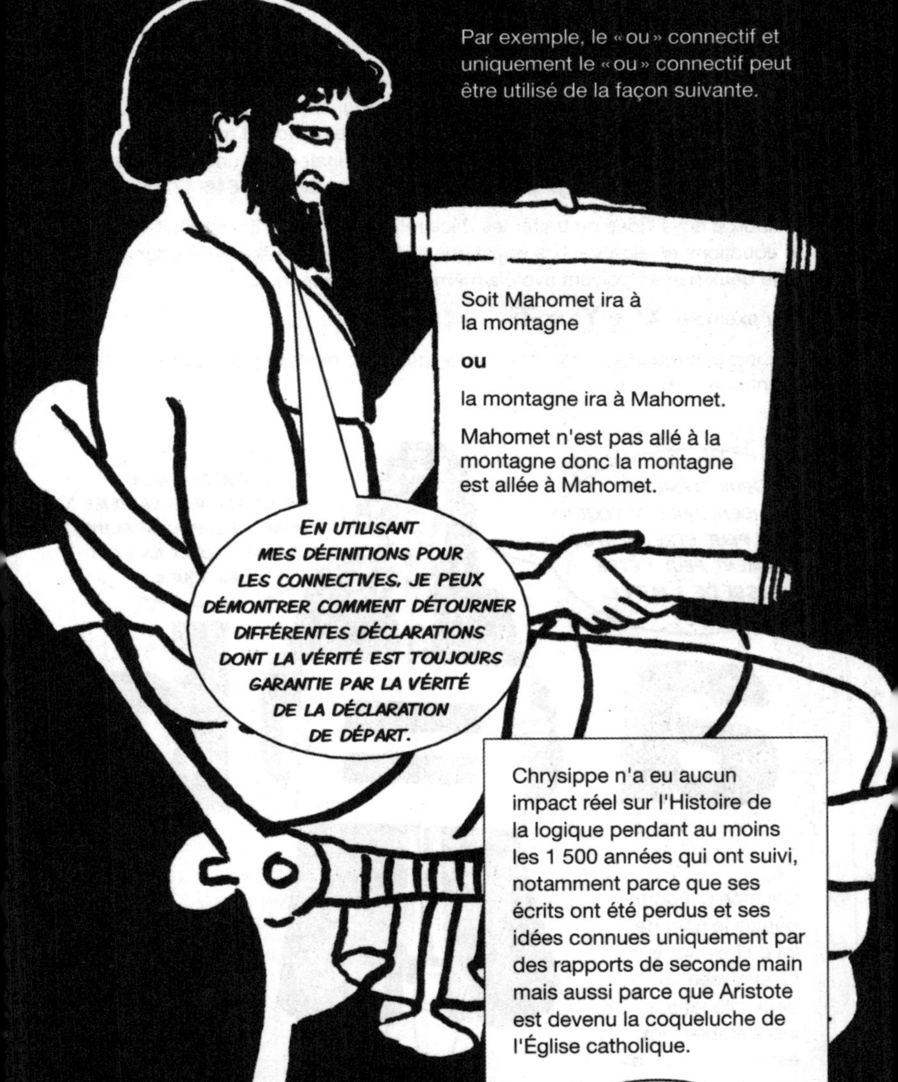

Chrysippe n'a eu aucun impact réel sur l'Histoire de la logique pendant au moins les 1 500 années qui ont suivi, notamment parce que ses écrits ont été perdus et ses idées connues uniquement par des rapports de seconde main mais aussi parce que Aristote est devenu la coqueluche de l'Église catholique.

La loi de Leibniz

Au cours des 2 000 années qui ont suivi, les logiciens ont présenté un nombre toujours croissant de syllogismes, certains incluant plus de deux principes. Le logicien était une sorte d'alchimiste qui jouait avec des concepts pour obtenir des arguments solides. Finalement, une méthode a émergé dans cette folie, proposée par **Gottfried Leibniz** (1646-1716).

Leibniz a émis l'idée de traiter les déclarations comme s'il s'agissait d'équations en algèbre. Les équations utilisent le signe égal « = » pour dire que deux parties doivent avoir la même valeur numérique.

Par exemple : $\mathbf{X^2 + Y^2 = Z^2}$

Leibniz a introduit le signal égal en logique pour montrer que « **a** » est identique à « **b** ».

C'est ce qui porte depuis le nom de loi de Leibniz. Il l'a analysée en deux allégations inséparables, « **a** est **b** » et « **b** est **a** » ce qu'il a pris pour signifier que « tous les **a** sont **b** » et « tous les **b** sont **a** ».

Exemple : « Tous les célibataires sont des hommes non mariés et tous les hommes non mariés sont des célibataires ».

Clairement, si **a** est identique à **b**, alors nous pouvons remplacer le symbole «**a**» dans n'importe quelle déclaration par le symbole «**b**», tout en préservant la valeur de vérité de la déclaration. Par exemple: «Socrate est un homme non marié, un homme non marié c'est la même chose qu'un célibataire donc Socrate est un célibataire».

C'est important parce que cela nous permet d'évaluer la valeur de vérité d'un nombre potentiellement infini de phrases en utilisant un nombre raisonnable d'étapes. Leibniz en avait quatre.

1. «**a** = **a**»
exemple: Socrate est Socrate.

2. Si «**a** est **b**» et «**b** est **c**», alors «**a** est **c**».
exemple: Tous les hommes sont mortels. Socrate est un homme donc Socrate est mortel.

Dire que «**a** est **b**», c'est la même chose qu'affirmer que «tous les **a** sont **b**».

3. **a** = n'est pas (n'est pas **a**)
exemple: si Socrate est mortel, alors Socrate n'est pas immortel.

4. «**a** est **b**» = «ne pas être **b** est ne pas être **a**»
exemple: Socrate est un homme signifie que si vous n'êtes pas un homme alors vous n'êtes pas Socrate.

À partir de ces simples lois, Leibniz pouvait prouver n'importe quel syllogisme possible. À l'inverse du carré des oppositions d'Aristote, Leibniz a découvert la première vraie théorie de la vérité – tirant des conclusions de lois préétablies en substituant des symboles identiques (synonymes) les uns avec les autres.

Le *reductio ad absurdum*

La méthode de preuve préférée de Leibniz est un outil immensément important très apprécié des logiciens et des philosophes depuis lors. Il lui a donné le nom de ***reductio ad absurdum***.

Le « reductio » est un outil très simple mais incroyablement efficace. Il a été largement utilisé depuis que Leibniz l'a inventé. Il est bien illustré par l'exemple suivant.

Dans la méthode du *reductio*, nous supposons qu'une déclaration est vraie et nous voyons quelles conclusions nous pouvons en tirer à partir de là. Si, en tirant ces conclusions, nous nous retrouvons face à une contradiction, nous savons que la déclaration initiale est fausse car les contradictions sont toujours fausses.

vraifaux

Le grand avantage de la méthode *reductio*, c'est qu'elle nous permet de dire si une déclaration est vraie même si nous ne savons pas comment construire une preuve dans ce sens-là. Nous pouvons dire qu'une déclaration est vraie en montrant que sa négation conduit à une contradiction.

Un « Nouvel organon »

« Car mon invention utilisait la raison dans sa totalité et est, en outre, un juge de polémique, un interprète de notions, un équilibre de probabilités, une boussole qui nous guidera sur l'océan des expériences, un inventaire de choses, une table de pensées, un microscope pour scruter les choses, un télescope pour prévoir les choses éloignées, un calcul général, une magie innocente, une cabale non chimérique, un script que tout le monde lira dans sa propre langue et qui montrera la voie de la vraie religion partout où il va ».

Lettre de Leibniz au duc de Hanovre, 1679

Sans surprise, l'Église l'a désigné comme étant un hérétique. Mais l'idée de règles de pensée nécessaires s'est avérée avoir une influence durable sur les philosophes occidentaux comme Kant, Hegel, Marx et Russell.

Les quantificateurs de Frege

L'Encyclopédie de la Philosophie explique que la logique moderne a débuté en 1879 avec la publication de *Begriffsschrift* de Gottlob Frege. Il introduit un calcul propositionnel qui associe la théorie de la preuve de Leibniz avec un compte de connecteurs logiques. Et nous sommes finalement arrivés à Chrysippe.

Mais la plus significative des nouvelles inventions de Frege a été le *quantificateur*. Les quantificateurs sont des mots comme : « **tous** », « **certains** », « **beaucoup** » et « **la plupart** ». Ils nous permettent de dire des choses à propos de groupes d'objets, par exemple : « **Certains hommes sont chauves** ». Aristote les considérait comme des sujets apparaissant dans une déclaration mais cela peut conduire à des résultats ridicules comme celui-ci que l'on trouve dans *Alice au Pays des Merveilles* de Lewil Carroll…

> Je ne vois personne sur la route, dit Alice.
>
> Si seulement j'avais ces yeux-là, fait remarquer le Roi de mauvaise humeur. Pouvoir ne voir personne ! Et à cette distance aussi ! Pourquoi, c'est tout ce que je peux faire pour voir de vraies personnes…

Frege parvient à éviter ce problème en traitant les quantificateurs comme des entités séparées de manière logique.

Il a utilisé deux quantificateurs : « **tous** » et « **il y en a au moins un** ». Cela lui permet de traduire

Je ne vois personne sur la route

par

Car je ne peux pas voir tout le monde sur la route

ou

Il n'y a pas au moins une personne que je puisse voir sur la route.

Tout en étant pas une belle solution, elle nous permet d'éviter la bêtise style pays des merveilles dans la logique.

Le principe de contexte

Frege a suggéré « le principe de contexte » qui explique que la plus petite unité que la logique peut gérer est une déclaration sujet-prédicat ou *proposition*. C'est uniquement dans le contexte d'une proposition *dans son ensemble* que nous savons les significations des mots qui la composent.

Prenez la phrase « **J'ai froid** ». Cette phrase pourrait être prononcée par différentes personnes à différents moments. Les mêmes mots « J'ai froid » peuvent être utilisés pour exprimer des propositions très différentes selon les circonstances dans lesquelles elles sont *utilisées*.

Calcul propositionnel

Parce que l'unité fondamentale de la logique de Frege est la proposition, elle est connue sous le nom de calcul propositionnel. Avec lui, nous pouvons accéder à la vérité des propositions complexes en utilisant des connecteurs. Mais, plus que cela, Frege a montré que les connecteurs eux-mêmes sont reliés à la vérité. Une proposition utilisant un connecteur, par exemple « **si... alors...** », peut être transformée en une expression qui utilise les autres connecteurs « **et** » et « **pas** » sans changer la vérité de l'énoncé complexe.

La logique de Frege associe les qualités de Chrysippe (cela permet l'analyse de phrases en termes de phrases simples reliées par la logique) et Leibniz (la capacité de prouver une déclaration par rapport à une autre en remplaçant des synonymes) et ouvre la voie pour étendre ces idées afin d'inclure l'équivalence de différents connecteurs. Mais le premier amour de Frege a été sa tentative de déduire les mathématiques de la logique.

La théorie des ensembles de Cantor

Gottlob Frege (1848-1925) vivait à une époque où l'on comptait de grandes inventions mathématiques et scientifiques. Parmi les nouvelles branches hétérogènes des mathématiques, on notait l'émergence de modèles. Cela a conduit à une tentative de fonder toutes les mathématiques sur un ensemble de règles à partir duquel chaque énoncé pourrait être établi. Frege pensait que son calcul propositionnel ferait parfaitement l'affaire mais il n'avait pas les outils pour la formulation des nombres – sans laquelle vous ne pouvez pas aller plus loin dans la formulation des mathématiques. Les quantificateurs de Frege « tous » et « il y en a au moins un » ne peuvent pas faire le travail. Une solution apparente est venue de l'une des nouvelles branches des mathématiques : *La théorie des ensembles* développée par **Georg Cantor** (1845-1918), un contemporain de Frege.

Il s'agit essentiellement de collections d'éléments qui n'ont pas besoin d'avoir un point commun. Chaque collection a un nombre spécifique d'éléments qui peut être comparé au nombre d'éléments dans les autres ensembles.

D'abord, nous pouvons parler des éléments communs des ensembles **a** et **b**.

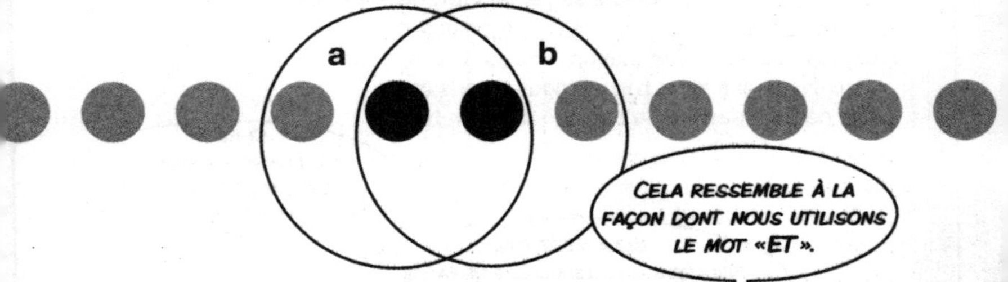

Ensuite, nous n'avons aucun élément qui appartienne à **a** ou à **b**.

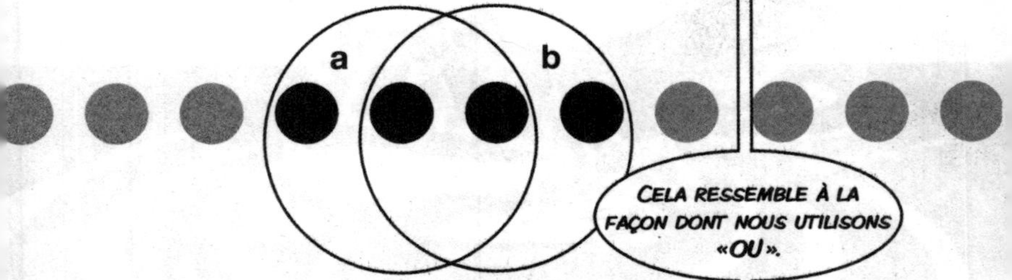

Enfin, nous pouvons utiliser tout ce qui n'appartient pas à **a**.

Utilité des connecteurs

À partir de trois connecteurs seulement (**et**, **ou**, **ne pas**) nous pouvons exprimer toutes les propositions logiques possibles. Par exemple, nous disons la même chose avec « si **a** alors **b** » que nous disons avec « cela ne peut pas être le cas que **a** et non **b** ».

Le paradoxe de Russell

Tandis que Frege était sur le point de voir publier sa théorie, à laquelle il avait consacré une bonne partie de sa vie, un jeune parvenu anglais **Bertrand Russell** (1872-1970) faisait remarquer que l'utilisation par Frege des ensembles conduisait à une contradiction fatale.

Jusqu'à maintenant, tout semble être correct mais Russell poursuit ...

L'erreur fatale

Ce que dit Russell, c'est que si l'ensemble est un membre de lui-même, alors par définition **il ne peut pas** être un membre de lui-même. Mais s'il n'est pas un membre de lui-même, alors il est un membre de lui-même. Alors il est les deux à la fois. Et c'est une contradiction. Cette erreur flagrante, prétendument, a brisé Frege.

Le problème de la grammaire de surface

Pourtant, Russell a loué les travaux de Frege. Avec son ami A.N. Whitehead, il a tenté de faire reposer les mathématiques sur les ensembles et la logique. Cela a demandé beaucoup de temps pour éviter les contradictions comme celles de Frege. Il leur a fallu deux volumes pour tenter une solution ! Ils voulaient confirmer le fait que 1 + 1 = 2 sur quelque chose de plus évident...

La grammaire de surface (la grammaire scolaire des noms, verbes et adjectifs) dissimule la vraie forme d'une phrase. Russell pensait que si nous pouvions analyser le langage dans une parfaite structure logique, alors la plupart des grands problèmes philosophiques de notre époque disparaîtraient.

Le système de Russell

Russell a ramené les prédicats dans le calcul et a développé la conception des quantificateurs de Frege. Cela lui a permis de distinguer « tous » par rapport à « quelques » et cela a supprimé le besoin d'analyser l'existence en tant que prédicat – ce qui pouvait provoquer une série de problèmes. Il a également officialisé le carré des oppositions d'Aristote en formulant les relations entre les quantificateurs.

Si nous disons que « tous les oiseaux ont des ailes » et que « tout oiseau est doté d'ailes », alors nous disons la même chose. Les quantificateurs « tous » et « il y a au moins un » sont interchangeables – l'un peut se substituer à l'autre avec des symboles de négation aux endroits adéquats.

Prenez cette phrase :

« L'actuel roi de France est chauve. »

Est-ce vrai ou faux ? Cela pourrait sembler vrai, faux ou ni l'un ni l'autre. Mais si cela est faux, est-ce que cela veut dire que l'actuel roi de France n'est pas chauve ? Bien sûr, ce n'est ni vrai ni faux, cela signifie que la phrase ne revendique rien du tout. Elle ne dit simplement rien à propos du monde alentour.

Russell pensait que cette phrase était en fait constituée de trois affirmations...

1. Il y a actuellement un roi de France.

2. Il y a exactement un roi de France en ce moment.

3. L'actuel roi de France est chauve.

Cette association ne serait vraie que si les trois affirmations sont vraies. Nous savons que la première condition est fausse donc l'association est également fausse. Mais cela ne fait pas de l'affirmation opposée quelque chose de vrai car on peut l'analyser de la façon suivante...

1. Il y a un actuel roi de France.

2. Il y a exactement un actuel roi en France.

3. L'actuel roi de France n'est pas chauve.

Et cet ensemble de phrases est clairement faux.

Les images logiques de Wittgenstein

Russell a occupé la scène de la philosophie en Angleterre pendant une dizaine d'années jusqu'à ce qu'un Juif autrichien, **Ludwig Wittgenstein** (1889-1951) renonce à une carrière potentiellement lucrative en ingénierie pour devenir un élève de Russell en 1912. Tout en étant en service actif pendant la première Guerre mondiale, il a composé le premier de ses deux principaux travaux : le *Tractatus Logico-Philosophique*. Il concevait la philosophie comme une analyse de structure logique cachée – avec des attaques définitives contre Frege et Russell. L'intérêt majeur de Wittgenstein a toujours été de comprendre la relation entre le langage, la logique et le monde.

Il a lu dans les journaux que dans les tribunaux de Paris, des modèles de voitures étaient utilisés pour représenter l'emplacement réel de véhicules dans les accidents de la circulation. Cela lui donna une idée de génie.

28

Ce que n'importe quelle image doit avoir en commun avec la réalité afin de pouvoir la décrire complètement, c'est une forme logique – la *forme de la réalité*. Pour Wittgenstein, la logique était quelque chose que le monde et le langage doivent avoir en commun. C'est seulement parce que le langage a quelque chose en commun avec le monde qu'il peut être utilisé pour représenter le monde, donc c'est seulement du fait de la logique que nos phrases ont un sens.

Une image qui n'a pas de forme logique ne représente simplement rien du tout. Tout comme une peinture abstraite de Pollock ou de Rothko ne représente pas la réalité.

« On avait l'habitude de dire que Dieu pouvait créer n'importe quoi sauf un monde illogique mais la vérité, c'est que nous ne pouvions pas dire à quoi ressemblait un monde illogique ».

Tractatus 3.031

Carnap et le Cercle de Vienne

Depuis Frege, la logique s'est développée conjointement avec le problème de fondation des mathématiques et de résolution des problèmes dans le langage. Avec **Rudolf Carnap** (1891-1970), l'accent était mis principalement sur les sciences. À l'origine élève de Frege, mais fortement influencé par le *Tractatus* de Wittgenstein, Carnap était l'une des vedettes du Cercle de Vienne (un groupe de philosophes et de scientifiques qui souhaitaient purger la philosophie de tout ce qui n'était pas scientifiquement vérifiable ou loi de logique). « La philosophie doit être remplacée par la logique de la science et la logique de la science est la syntaxe logique du langage de la science ». (Carnap, *La syntaxe logique du langage*, 1934).

Carnap a déployé ses formidables compétences de logique pour essayer de développer un compte rigoureux de tout langage officiel possible.

Malheureusement, cette idée a restreint le langage dans une telle ampleur que le Cercle de Vienne a souvent trouvé difficile d'exprimer ses idées. « … Nous avons désigné l'un d'entre nous de crier « M » (pour métaphysique) chaque fois qu'une phrase illégitime était prononcée. Il criait tellement « M » que nous en avons eu assez et nous l'avons fait crier « M non » chaque fois que nous disions quelque chose de fondé ».

Le principe de tolérance

La proposition de Carnap de réduire tous les langages a commencé à péricliter presque dès qu'il a commencé à travailler sur ses conséquences. En vieillissant, ayant déjà publié un très long ouvrage (le *Aufbau*) pour défendre son approche radicale, Carnap a assoupli son point de vue comme il l'a décrit dans un autre très long livre (*La syntaxe logique*).

La contribution la plus importante de Carnap à propos de l'Histoire de la logique et des langages officiels est l'introduction du « Principe de Tolérance », selon lequel il n'y a pas une mais de *nombreuses* logiques. Dans le langage, toute expression est acceptable aussi longtemps qu'il y a suffisamment de règles qui régissent son application logique.

La théorie de la preuve d'Hilbert

Les tentatives de Frege et de Russell pour réduire les maths à la logique et à la théorie des ensembles font partie des nombreux essais au début du xxᵉ siècle pour ancrer les maths sur des bases logiques solides. Une autre tentative remarquable est venue de **David Hilbert** (1862-1943) qui a lancé une forme de logique qui portait le nom de « théorie de la preuve » ou métamathématiques.

Hilbert s'intéressait au point commun qui unissait les différentes branches des mathématiques. Chaque branche mathématique commence avec un nombre d'axiomes ou de déclarations qui sont simplement supposés être vrais et à partir desquels toutes les autres déclarations de cette branche peuvent être prouvées.

Toute branche de mathématiques qui réussissait le test d'Hilbert s'avérait reposer sur une base solide.

L'arrivée de Gödel

D'une manière générale, la méthode d'Hilbert repose sur l'idée que nous pourrions sans aucun doute établir la cohérence de quelque chose comme la géométrie par exemple si nous pouvions montrer que nous ne pouvons pas déduire de ses axiomes quelque chose d'équivalent à disons 1 = 0, qui est une grande absurdité mathématique. Hilbert, comme Leibniz avant lui, a utilisé la *réduction* comme outil principal.

Les efforts fournis par Hilbert pour trouver un mécanisme qui prouve la cohérence ont conduit à un peu plus de résultats. Mais ils ont attiré l'attention d'un autre jeune Autrichien, **Kurt Gödel** (1906-78) qui était destiné à devenir le plus grand logicien du XXe siècle.

Cette découverte a marqué le début de dix années intensives de publications qui ont exercé une influence profonde sur tous les développements ultérieurs dans la logique et les fondements des mathématiques.

Le théorème d'incomplétude de Gödel

Lorsque Gödel eut 24 ans et qu'il essaya d'élargir ses résultats pour couvrir l'arithmétique, il fit une découverte bien inattendue. Il découvrit que tout système suffisamment compliqué pour être utilisé comme base pour l'arithmétique sera *incomplet*. Cela signifie que le projet d'Hilbert de définir les mathématiques à partir d'un nombre fini d'axiomes ne pourrait jamais voir le jour pour l'arithmétique, sans parler de quelque chose de plus compliqué comme le calcul.

À cette époque-là, Gödel vivait au jour le jour, travaillant sans être rémunéré. Après l'arrivée des Nazis, ses amis et ses collègues sont peu à peu partis pour les États-Unis. Apolitique, Gödel hésitait à partir – jusqu'à ce qu'il soit jugé apte à servir dans l'armée, en dépit de son hypocondrie galopante. À ce moment-là, il partit rapidement.

Les preuves ingénieuses de Gödel marquent le début de la logique mathématique moderne. Ses travaux ont dicté le cours de la logique jusqu'à aujourd'hui.

Les connexions vers la théorie de la preuve

La logique moderne peut être divisée en trois projets associés les uns aux autres. Il s'agit de la logique *mathématique*, la logique *symbolique* et la logique *philosophique*.

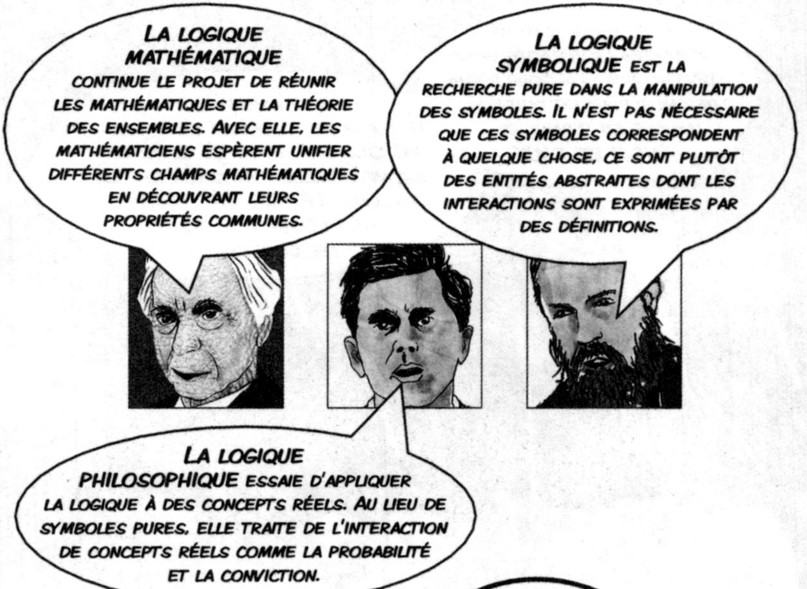

La fonction de liaison entre ces branches de la logique est leur dépendance vis-à-vis de la **théorie de la preuve** – ce qui nous permet de dire si une déclaration fait suite à une autre déclaration.

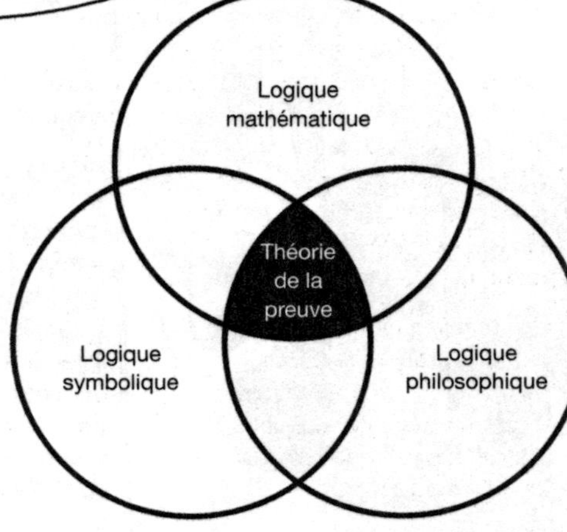

La théorie de la preuve est constituée d'une variété de méthodes pour montrer la suite logique d'une phrase logique ou « formule » – une chaîne de symboles reliés par des bits de syntaxe logique.

L'idée de définir les connecteurs logiques en termes de vrai et faux a vraiment eu du succès parmi les logiciens, tant et si bien que presque personne n'a jugé bon de le changer.

La réalité, c'est que lorsque Frege parle de la vérité de « et », la *signification* de la phrase est sans importance. Ce qui est important, c'est que nous savons si la phrase est vraie ou fausse. Le comportement de la connective n'est pas affecté par ce que dit la phrase. Pour cette raison, Frege utilisait des symboles simples comme **p** et **q**, pour servir pour les phrases entières – une autre idée qui est rapidement devenue très en vogue parmi les logiciens.

Le tableau des connecteurs logiques de Wittgenstein

Wittgenstein a inventé une méthode pour représenter les connecteurs logiques sous forme d'un simple tableau et a ainsi évité à chacun la peine de devoir utiliser le bavardage de Frege.

Supposons que nous représentons « **le ciel est gris** » par « **p** » et « **il pleut** » par « **q** ». Chacune de ces deux phrases peut être vraie ou fausse, donc nous avons en tout quatre possibilités qui peuvent être représentées de la façon suivante.

p	q
V	V
V	F
F	V
F	F

Nous pouvons prolonger ce tableau pour montrer la façon dont la connective « et » fonctionne dans la phrase « p et q ».

p	q	p&q
V	V	V
V	F	F
F	V	F
F	F	F

Les tableaux de vérité de Wittgensteinn

Ces idées nous communiquent deux éléments : l'un est surtout pertinent pour les logiciens, tandis que l'autre nous concerne tous dans notre vie quotidienne. Les logiciens utilisent les tableaux de vérité simplement pour représenter la vérité de toute suite de phrases liées entre elles par la logique. Mais ce qui est peut-être plus important dans notre vie de tous les jours, c'est le fait que ces connecteurs constituent la base de beaucoup d'appareils électroniques moder nes. Pour commencer à saisir l'une ou l'autre de ces applications, nous devons comprendre deux connecteurs logiques supplémentaires.

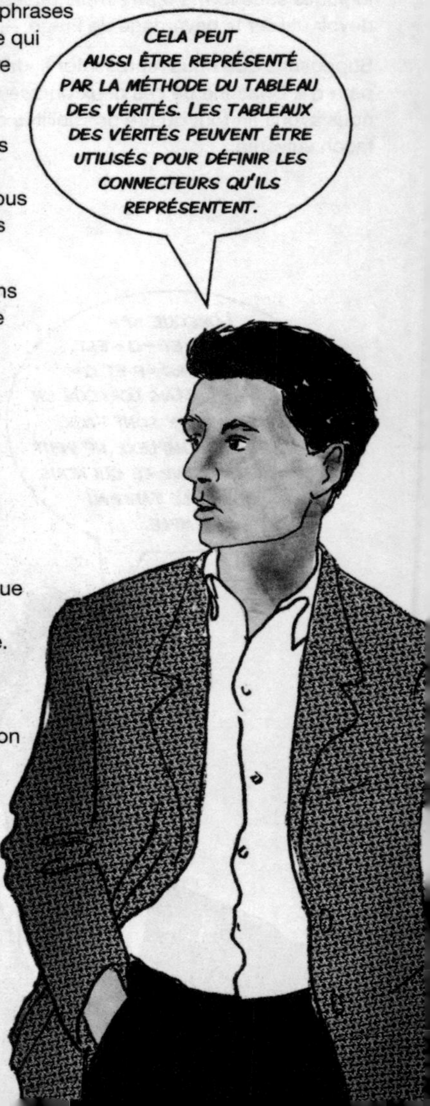

Le premier connecteur dont nous avons besoin est « **v** » (lire « ou ») qui peut être défini comme…

p	q	pvq
V	V	V
V	F	V
F	V	V
F	F	F

Ce connecteur est vrai si « **p** » ou « **q** » est vrai et il est faux uniquement lorsque les deux sont faux. Cela correspond à peu près à « et/ou » en langue anglaise.

L'autre connecteur dont nous avons besoin est « **¬** » (lire « non ») qui s'applique seulement à une phrase. Son tableau de vérité ressemble à cela…

p	¬p
V	F
F	V

« **¬** » correspond à peu près à l'anglais « **ce n'est pas le cas** » comme dans « ce n'est pas le cas que Clinton soit Président des États-Unis ».

La découverte des tautologies

Les symboles logiques peuvent être utilisés en association ce qui peut nous aider à évaluer le niveau de vérité de n'importe quelle phrase logiquement complexe. Par exemple, « **p v ¬ p** » ce qui donne le tableau de vérité suivant :

p	¬p	pv¬p
V	F	V
F	V	V

Lorsqu'une formule a uniquement des V dans un tableau de vérité, cela signifie que c'est vrai dans toutes les situations. La phrase « **Soit il pleut ou il ne pleut pas** » ne peut pas être fausse. Les logiciens la désignent comme étant une *tautologie*.

Dans une tautologie, une vérité découle nécessairement d'une autre vérité uniquement à cause de la syntaxe logique. Donc, nous savons que n'importe quelle phrase avec la même syntaxe logique sera toujours vraie. C'est important pour la théorie de la preuve car elle nous fournit une base solide pour prouver qu'un argument logique est nécessairement vrai.

Les portes logiques de l'électronique numérique

La vie moderne serait méconnaissable sans l'électronique numérique et l'électronique numérique n'est pas beaucoup plus qu'une instanciation de logique. On peut trouver l'électronique numérique partout depuis les micro-ondes jusqu'aux téléphones mobiles. L'électronique numérique s'appuie sur des «**portes logiques**» – essentiellement des commutateurs – qui font passer le courant, en fonction de leur entrée. Par exemple, un «And Gate» possède *deux entrées* et *une sortie* mais ne laissera passer le courant que s'il y a effectivement du courant aux deux entrées. Le comportement d'un And Gate peut être représenté de la façon suivante…

Entrée 1	Entrée 2	Sortie
1	1	1
1	0	0
0	1	0
0	0	0

Un **And Gate** affiche exactement le même tableau de vérité que le connectif logique «**And**». Tout comme la signification des phrases n'avait pas d'importance lorsqu'il était question du comportement de «**And**», de la même façon la quantité de courant n'a aucune importance pour les comportements de **And Gate.** À peu près tous les appareils électroniques numériques sont construits en dehors de «**And Gate**», «**Or Gate**» et «**Not Gate**» ce qui correspond aux connecteurs logiques «**et**», «**v**» et «**¬**». Ce sont des outils extrêmement puissants basés sur la logique.

Un distributeur automatique

Tout comme les formules logiques sont construites à partir des connecteurs logiques, les portails logiques peuvent être utilisés pour construire des appareils comme les distributeurs automatiques.

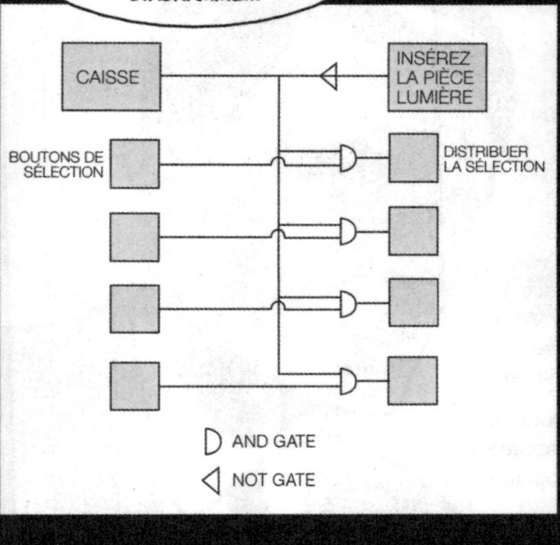

Le compteur cash est un dispositif simple qui vérifie s'il y a suffisamment d'argent dans la machine. Lorsqu'il y en a suffisamment, elle renvoie le signal « 1 », le reste du temps elle envoie « 0 ». Si c'est « 0 », alors le Not Gate l'inversera et allumera la lumière « insérer pièce ». Si le compteur cash indique « 1 », alors le Not Gate éteindra le signal « insérer pièce » et chaque And Gate reçoit une entrée à « 1 ». Lorsqu'un produit est sélectionné, la seconde sortie du And Gate correspondant devient « 1 » et indique alors le signal « 1 », délivrant le produit choisi.

Turing et le «Code Enigma»

L'activité du distributeur découle nécessairement des actions de l'acheteur. Nous pouvons également constater que celles de la machine sont la preuve d'une formule donnée. Cette idée précède les portes logiques. Elle vient d'**Alan Turing** (1912-1954) qui a tenté de craquer la machine à énigme, un ingénieux dispositif allemand de cryptage que l'on croyait à toute épreuve pendant la seconde Guerre mondiale.

Turing a essayé de craquer tous les codes d'énigme possibles, pas simplement le code de n'importe quel message. Il cherchait une machine programmable dont les paramètres pourraient être modifiés, c'est ce qui allait donner naissance à l'ordinateur. Mais il fallut environ 20 ans pour que son idée se réalise sous forme électronique.

En substance, les ordinateurs ne sont rien de plus que des appareils géants faisant preuve de logique.

La méthode axiomatique d'Euclide

Les tableaux de vérité sont une bonne façon de modéliser les dispositifs électroniques simples. Mais lorsqu'il s'agit de faire de la logique, la perspective de prouver une formule en utilisant un tableau de vérité de trente lignes n'a rien d'attrayant. Heureusement, il y a d'autres méthodes.

La première, la méthode la plus officielle et la plus courante de la logique moderne sérieuse, est la méthode « axiomatique » de la preuve. Elle repose sur l'idée que nous pouvons tirer toutes les tautologies logiques à partir de deux ou trois déclarations simples qui sont considérées comme vraies. Elle doit son origine à **Euclide** (325-265 avant notre ère), l'ancien mathématicien grec.

Le système d'Euclide est toujours enseigné aujourd'hui dans les écoles. Sa méthode de construction d'un système a sa propre existence puisque les résultats qu'elle génère sont étonnamment convaincants. Cela vient du fait que la méthode axiomatique fonctionne comme une « pompe de la vérité » – elle fait circuler la vérité depuis les axiomes jusqu'aux affirmations prouvées. La vérité de chaque affirmation prouvée est garantie par celle des axiomes.

Aristote n'était pas très friand de mathématiques, alors pendant ses mille ans de règne à titre posthume sur la philosophie occidentale, la méthode d'Euclide fut peu utilisée en dehors des mathématiques. Galilée a d'abord pensé à l'appliquer à la physique avec les résultats révolutionnaires que l'on connaît. Il a bientôt été suivi par le philosophe français **René Descartes** (1596-1650) qui l'a appliquée à la philosophie, lançant ainsi le Siècle des Lumières. Il ne s'agissait alors que d'une question de temps avant que Leibniz ne l'utilise comme une méthode de preuve en logique.

La méthode de preuve de Leibniz

1. Le premier axiome est le célèbre principe d'identité de Leibniz, « **chaque chose est identique à elle-même** », ou « **a = a** ». Le reste, ce sont des remaniements de certaines des règles d'Aristote.

2. La « **loi de non contradiction** » qui dit qu'aucune déclaration n'est à la fois vraie et fausse en même temps, ou « **¬ (p&¬p)** ».

3. Le « **principe du tiers exclu** » qui dit que chaque déclaration est vraie ou fausse, ou « **pv¬p** ».

4. Une loi de substitution qui nous permet de substituer une expression par une autre, en conservant les mêmes conditions de vérité, ou « **(a est b) et (b est c) = a est c** ».

Abus de contradiction

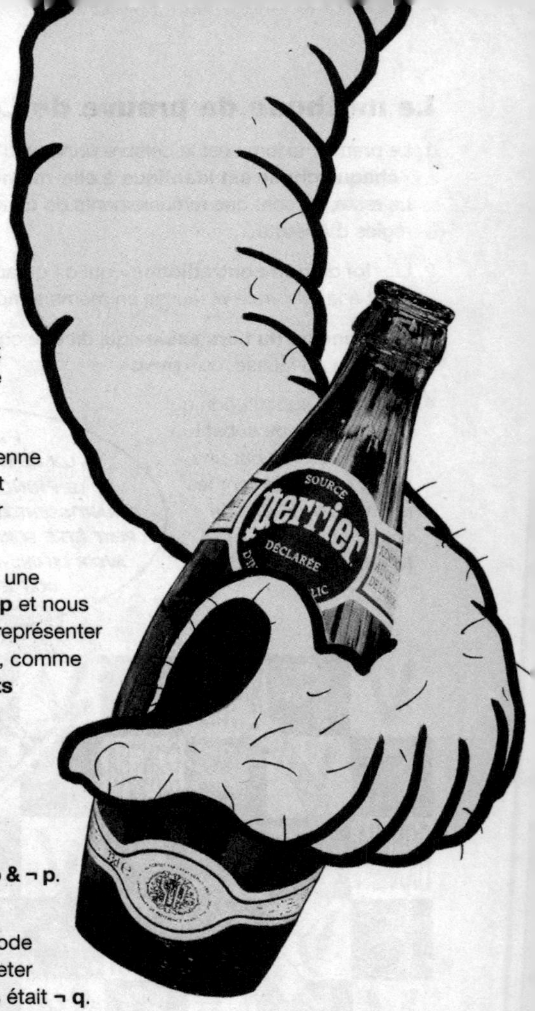

Les logiciens s'inquiètent à propos des contradictions non seulement parce qu'elles sont toujours fausses mais également parce que si elles étaient inévitables, elles détruiraient les liens entre la vérité d'une déclaration et celle d'une autre. C'est la raison pour laquelle la *réduction* leibnizienne nous permet de prouver tout ce que nous voulons à partir d'une contradiction.

Supposons que nous ayons une contradiction comme **p & ¬ p** et nous voulons prouver **q** qui peut représenter n'importe quelle déclaration, comme par exemple : « **les éléphants ne boivent que de l'eau en bouteille** ». Il nous suffit d'appliquer la méthode de *réduction* à **¬ q**.

Donc, nous admettons **¬ q**.

Nous citons la contradiction **p & ¬ p**.

p & ¬ p rompt le second axiome de Leibniz. La méthode de *réduction* nous dit de rejeter l'hypothèse qui dans ce cas était **¬ q**.

Nous réfutons donc l'hypothèse ce qui nous donne **¬¬ q**.

Il s'ensuit donc à partir du troisième axiome que si **¬¬ q** est vrai, alors **q** est vrai.

C'est un résultat étrange parce qu'il nous permet de prouver n'importe quoi, même quelque chose dont la vérité ne dépend pas de la vérité de la contradiction utilisée pour la prouver.

Règles des connecteurs

L'application de la méthode axiomatique a atteint sa maturité dans les *Principes mathématiques* de Russell et Whitehead. Dans cet ouvrage, le système est un prétendant sérieux pour fonder les mathématiques sur la théorie des ensembles. Le problème, c'est que la plupart des axiomes qu'il utilise sont loin d'être simples, certains sont moins évidents que les choses qu'ils cherchent à prouver, par exemple 1 + 1 = 2. Néanmoins, une version améliorée de la méthode qu'il employait est toujours utilisée aujourd'hui, elle porte le nom de « déduction naturelle ».

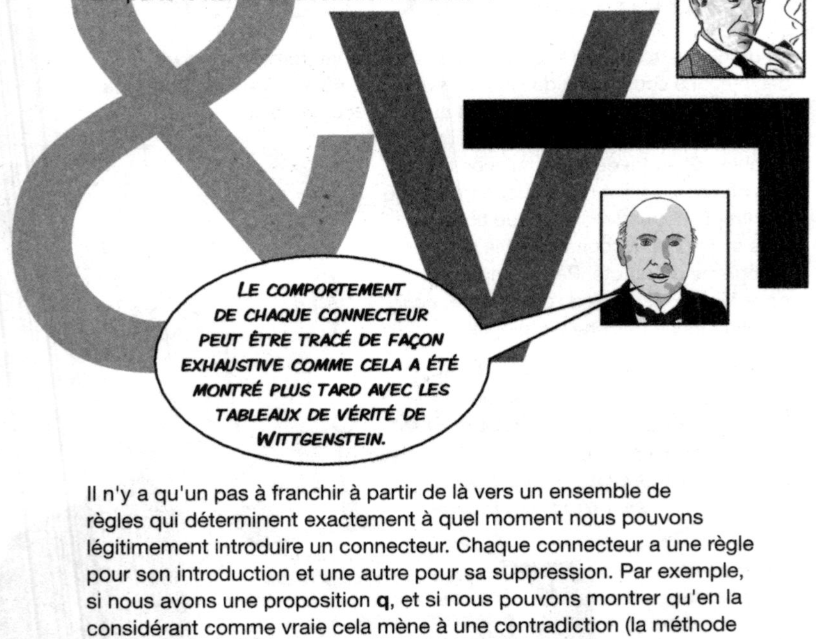

Il n'y a qu'un pas à franchir à partir de là vers un ensemble de règles qui déterminent exactement à quel moment nous pouvons légitimement introduire un connecteur. Chaque connecteur a une règle pour son introduction et une autre pour sa suppression. Par exemple, si nous avons une proposition **q**, et si nous pouvons montrer qu'en la considérant comme vraie cela mène à une contradiction (la méthode de la *réduction*) alors nous pouvons introduire « **¬** » pour obtenir « **¬ q** ». Nous pouvons éliminer une négation en arrivant à une double négative puisque **¬¬ p** (ce n'est pas le cas que ce n'est pas le cas que le ciel soit gris) est la même chose que **p** (le ciel est gris).

Sensibilité à la grammaire

En dépit des nombreux atouts de la déduction naturelle du calcul propositionnel, il ne peut toujours pas montrer pourquoi le premier des syllogismes d'Aristote est valide. Il ne peut tout simplement pas faire face à la transition en partant de

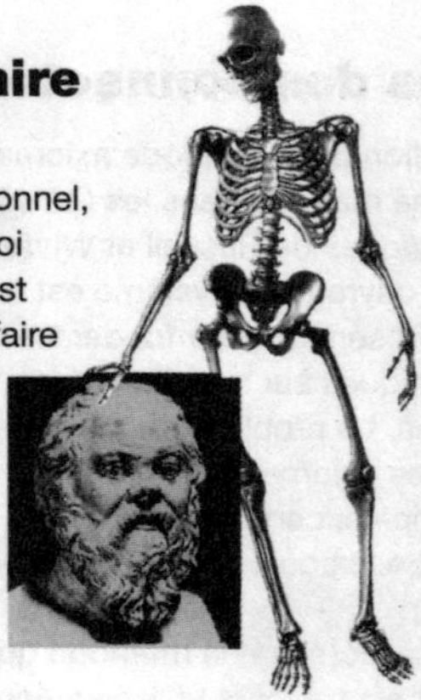

« Tous les hommes sont mortels »

et

« Socrate est un homme »

pour arriver à

« Socrate est mortel ».

Le problème, c'est que le calcul propositionnel interprète toutes les déclarations sous forme de simples symboles, donc « **Tous les hommes sont mortels** » devient « **p** ». Du fait que la relation logique entre les déclarations comme celle qui précède semble dépendre de la formulation réelle des phrases, il n'y a donc aucun moyen de montrer la dépendance logique entre les trois symboles qui constituent le premier syllogisme d'Aristote. Par exemple, si nous faisions un tableau de la vérité, nous n'obtiendrions pas une tautologie.

La structure des phrases se reflète dans les symboles logiques et non les mots réels.

Calcul des prédicats

Dans le calcul des prédicats de Russell, les lettres minuscules représentent des objets : **a**, **b**, **c**… représentent des objets spécifiques et **x**, **y**, **z** figurent des objets qui ne sont pas encore précisés. Les lettres capitales représentent les prédicats.

Russell aussi utilisait des symboles spéciaux pour représenter les quantificateurs : « **∀x** » représente « **tous** » et « **∃x** » équivalait à « **il y en a au moins un** ». Tous les autres connecteurs officiaient comme ils le faisaient dans le calcul propositionnel. Avec cet appareil en place, nous pouvons tenir compte de tout syllogisme possible.

Nous pouvons prouver ce syllogisme en utilisant une version élargie de l'introduction et des règles d'élimination du calcul propositionnel. Malheureusement, nous ne pouvons pas construire les tableaux de vérité pour vérifier les formules de calcul des prédicats puisqu'ils ne sont simplement pas équipés pour saisir la relation entre la véracité des déclarations générales et celle des déclarations qui en découlent.

Modèle de sémantique théorique

Les tableaux de vérité ne fonctionnent pas pour le calcul des prédicats mais il existe toutefois d'autres méthodes. La plus importante d'entre elles utilise des modèles très simples du monde entier. Le modèle nous fournit un moyen de vérifier la véracité des déclarations dans le calcul des prédicats par rapport à une liste donnée d'objets et de prédicats.

Mais avant que cette sémantique soit d'une grande utilité, nous avons besoin d'un système grammatical sur lequel nous appuyer. Ce système grammatical doit nous permettre de construire un nombre potentiellement infini de phrases à partir d'un nombre défini de règles.

Le modèle de récursion d'Hilbert

Un tel modèle a précisément été développé par Hilbert dans ses travaux sur les fondements des mathématiques. Peu impressionné par l'idée de réduire les mathématiques à de la logique, Hilbert voulait une version mathématique de la théorie de la preuve – une manière de prouver les énoncés mathématiques à partir des mathématiques. L'expression « théorie de la preuve » revient en fait à Hilbert.

Cette application en continu porte le nom de **récursion** et elle est essentielle pour la construction de modèles. Elle nous permet de construire un nombre infini de phrases à partir de quelques règles simples et d'un vocabulaire limité.

Hilbert avait un point de vue sur les mathématiques qu'il appelait *formalisme*. L'idée, c'est que les choses dont parlent les mathématiques ne sont rien d'autres que des symboles. Ces symboles sont, par eux-mêmes, dénués de sens – vous connaissez tout à leur propos lorsque vous savez comment les manipuler. Il donnait des règles récurrentes pour expliquer leurs interactions possibles.

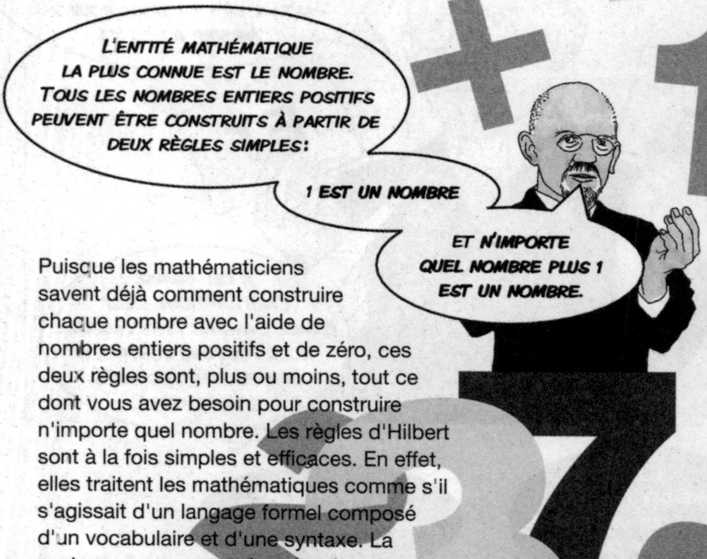

Puisque les mathématiciens savent déjà comment construire chaque nombre avec l'aide de nombres entiers positifs et de zéro, ces deux règles sont, plus ou moins, tout ce dont vous avez besoin pour construire n'importe quel nombre. Les règles d'Hilbert sont à la fois simples et efficaces. En effet, elles traitent les mathématiques comme s'il s'agissait d'un langage formel composé d'un vocabulaire et d'une syntaxe. La syntaxe vous permet de créer des phrases du langage sans avoir la moindre idée de leur signification. Le vocabulaire n'est rien de plus qu'une collection de blancs avec des propriétés grammaticales : des *noms*, des *verbes* etc. Tout comme nous savons mettre un nom et un verbe pour former une phrase complète en français, même si nous ne savons pas quel est son nom.

Imaginons un modèle de langage construit uniquement à partir des termes suivants…

Prédicats	**Noms**
Évolués dans	Homo sapiens Homo sapiens sapiens Homo erectus Homo habilis

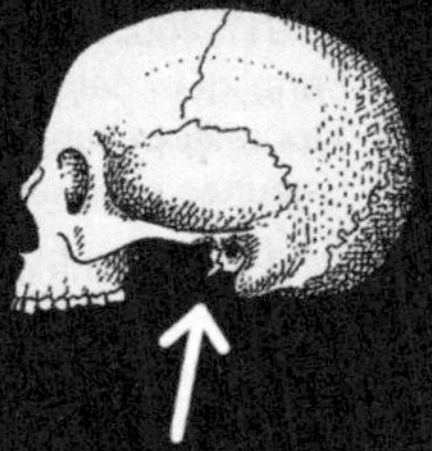

Et des simples règles grammaticales suivantes :

1. phrase =
   nom, prédicat, nom
2. phrase =
   phrase, « qui », prédicat, nom

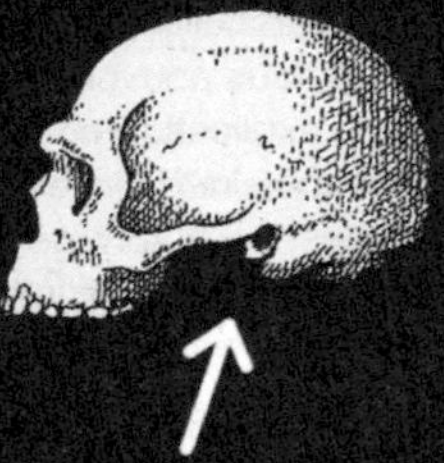

La première règle montre comment construire une formule bien élaborée en dehors de la séquence *nom, prédicat, nom.*

Par exemple, « *l'Homo erectus* est devenu *Homo sapiens* ».

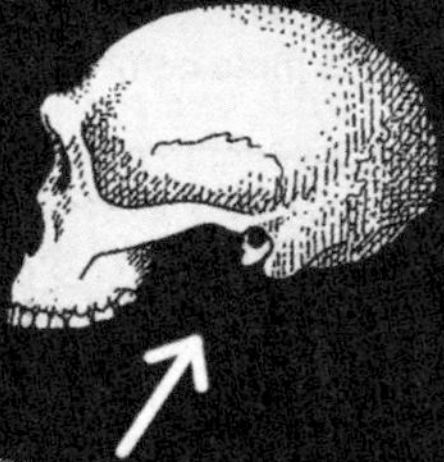

La seconde règle montre comment construire une nouvelle formule bien élaborée en dehors de la phrase qui existe déjà et en plus la séquence « qui », *prédicat, nom.*

Par exemple : « *Homo erectus* est devenu *Homo sapiens* qui a son tour est devenu *Homo habilis* ».

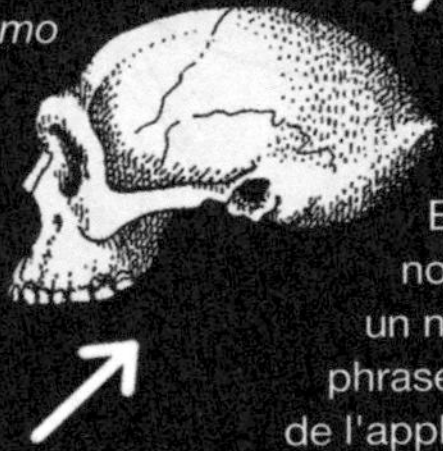

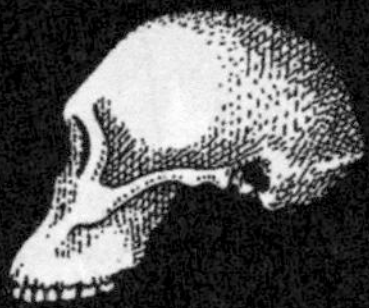

En utilisant ce modèle, nous pouvons construire un nombre infini de phrases par l'intermédiaire de l'application récurrente de la règle deux. Bien sûr, quelques-unes seulement de ces phrases seront vraies mais il devrait maintenant être clair que ce schéma familier est encore une autre application de la logique.

Des règles délimitées pour une production infinie

Le philosophe américain **Donald Davidson** (1917-2003) a suggéré que nous puissions appliquer cette idée à la langue anglaise et à toute autre langue naturelle, en comblant les lacunes avec un modèle sémantique.

« Nous devons expliquer comment les significations de phrases dépendent de la signification des mots. Sauf si une telle explication pouvait être fournie pour une langue particulière, rien ne pourrait expliquer le fait que nous pouvons apprendre cette langue : aucune explication pour le fait qu'en maîtrisant un vocabulaire défini et un ensemble déterminé de règles, nous sommes prêts à produire et à comprendre une infinité potentielle de phrases ». (*Vérité et Signification*, 1966).

Les langues comme l'Anglais sont potentiellement illimitées si nous continuons d'appliquer des mots comme « et ».

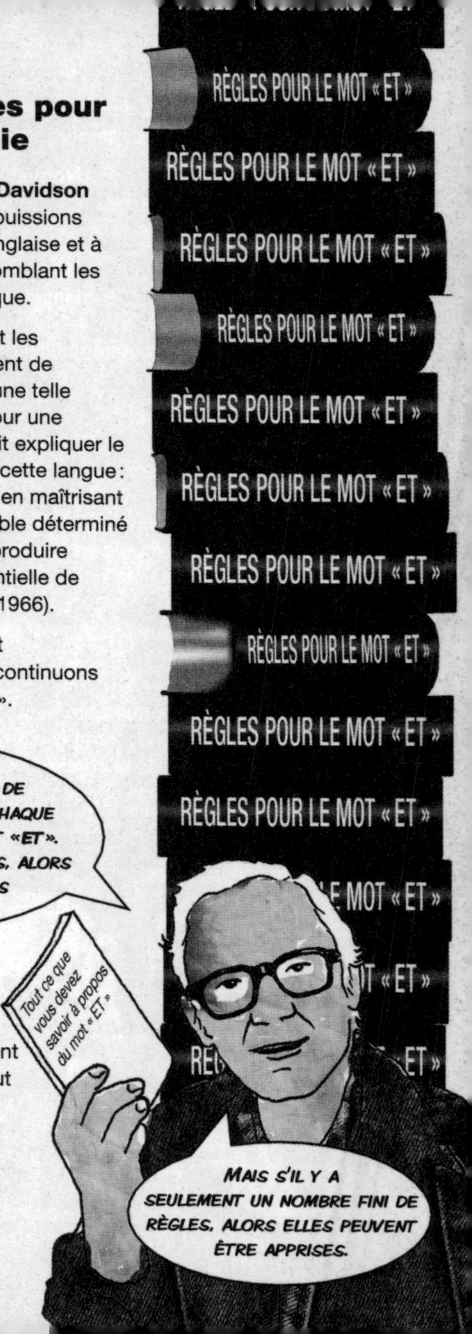

Nous devons être capables d'appliquer les règles de manière récurrente afin de produire un nombre potentiellement infini de phrases. Davidson conclut que la langue anglaise, ou toute autre langue utilisée, pourrait être qualifiée d'énorme modèle. Donc, l'application de langues officielles aux langues naturelles revêt un agrément philosophique.

Instructions simples

Si Davidson a raison, alors le langage c'est un peu comme un Lego. Il est constitué de blocs (les mots) qui doivent être assemblés correctement. Les instructions données pour savoir comment lier un bloc à un autre expliqueront comment mettre en place n'importe quelle structure de Lego.

Ce qui intéresse vraiment Davidson, c'est de savoir comment la signification de chaque mot contribue à celle de la phrase. Par exemple, la phrase...

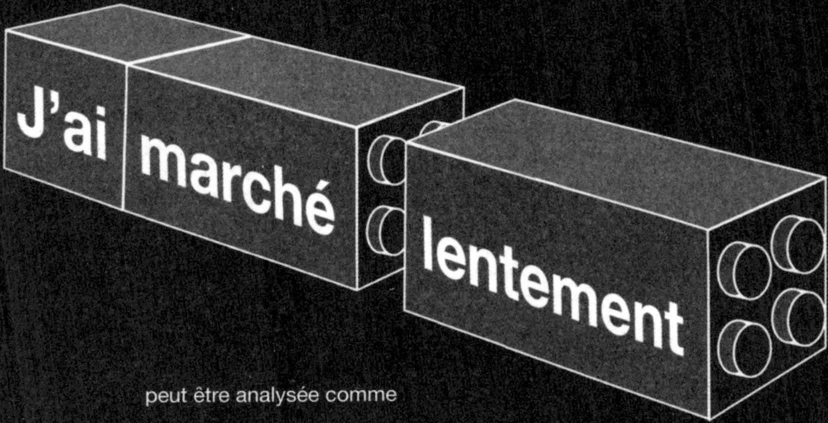

peut être analysée comme

« Il y a un événement pendant lequel j'ai marché et cet événement s'est produit lentement »

(∃x) (Wx&Sx)

Voici une analyse d'un communiqué en anglais – construit à partir de la conjonction de deux déclarations simples qui sont constituées d'un sujet et d'un prédicat.

L'affirmation de Davidson présente deux qualités principales. D'abord, elle s'adapte parfaitement à ses conditions d'apprentissage. Ensuite, elle fournit un compte de la langue qui préserve une grande partie de notre compréhension intuitive sur le langage naturel. Par exemple, « **J'ai marché** » vient de « **J'ai marché lentement** » car dans la théorie de la preuve « **Wx** » vient de « **Wx&Sx** ».

Davidson a consacré plus de dix ans à analyser différentes parties du langage dans cette sorte de forme logique.

Théorie de la preuve et langue officielle

Davidson nous encourage à penser à tous les adjectifs, adverbes et prépositions comme étant des prédicats rattachés les uns aux autres. Cela diffère de l'analyse de Russell à propos de ces termes linguistiques.

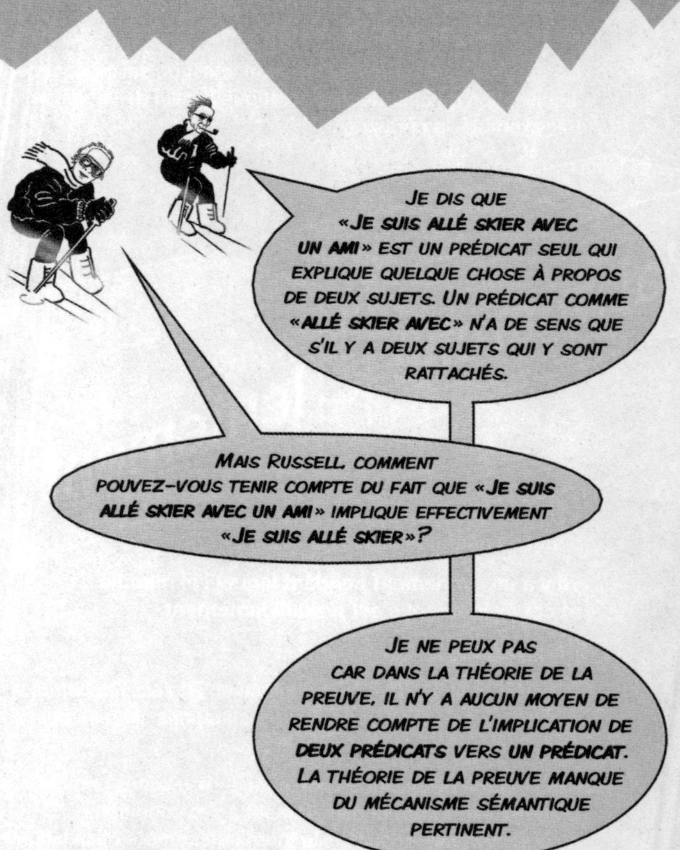

À la base, Davidson essaie de comprendre l'anglais comme un langage formel. Pour ce faire, il a besoin d'un moyen de décider sous quelles conditions les phrases de l'anglais sont vraies.

Davidson a adopté une explication de la vérité dans les langues officielles développée par un collègue de Berkeley, **Alfred Tarski** (1902-1983). Tarski a développé une distinction entre le langage *officiel* et celui qui est utilisé pour *parler du* langage officiel (le métalangage).

Les conditions de vérité de Tarski

Tarski a fourni un ensemble de conditions qui nous permettent de dire à quel moment une phrase de langage officiel étudiée est vraie. Le résultat est étonnamment simple.

Dans le schéma de Tarski, « **S** » est une phrase d'une langue officielle et « **p** » est la traduction de **S** dans le métalangage. Si le métalangage est le français et la langue officielle comprend des phrases en français, nous pouvons dire « **La neige est blanche** » si et seulement si la neige est blanche.

Le schéma de Tarski semble moins insignifiant si nous l'utilisons pour préciser les conditions de vérité d'une langue étrangère. « **Snow is white** » est vrai si et seulement si la neige est blanche. Il semble que nous puissions utiliser le schéma pour nous donner la signification de la phrase anglaise.

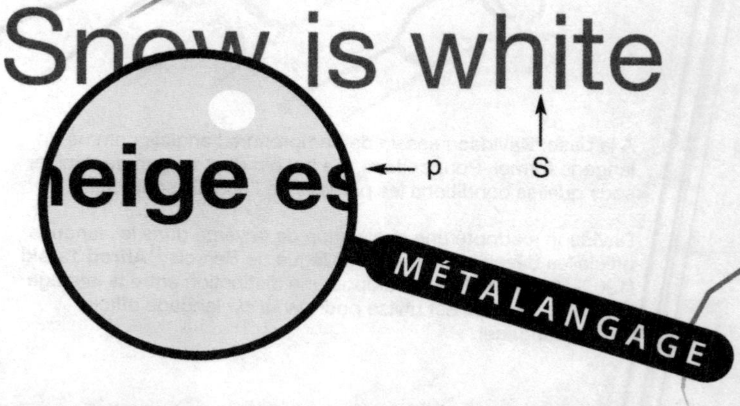

« La neige est blanche »

est vraie si, et uniquement si,

la neige est blanche.

Davidson pense que notre compréhension de l'anglais peut être expliquée par la compréhension d'une liste de phrases construites autour du schéma de Tarski.

Donc même quelque chose en apparence aussi simple que

«La neige est blanche» est vraie si, et uniquement si, la neige est blanche.

est tout ce dont nous avons besoin pour commencer à utiliser une théorie de la signification selon Davidson. Lorsque cela est associé à la tentative de Davidson pour montrer comment les conditions de vérité des phrases dépendent des conditions de vérité *de leurs parties*, alors la base est là pour travailler sur les conditions de vérité de chaque phrase possible en français.

Sémantique formelle dans la pratique

Le grand avantage pratique de la sémantique formelle réside dans notre capacité à construire des machines qui répondent à une langue formellement définie – tous les ordinateurs sont ces machines-là.

Mais cela ne s'applique pas seulement aux ordinateurs. La physique moderne des particules est faite dans le cadre des langages formels avec la théorie quantique qui propose le modèle. Souvent, nous ne savons même pas ce que les termes utilisés dans le modèle – comme les photons et les électrons – signifient en dehors du modèle. Les électrons n'ont jamais été directement observés : leurs propriétés définissent ce qu'ils sont et composent leur *identité formelle* dans les modèles des scientifiques. Les interactions entre les particules dans le modèle peuvent être vues comme des *règles syntaxiques* qui régissent leur comportement. Ce que veulent les physiciens, c'est montrer que leurs modèles correspondent à des résultats expérimentaux.

Construction d'un feuilleton télévisé

Nous pouvons construire des langages formels pour modéliser presque n'importe quoi. En voici un utilisé pour élaborer l'intrigue d'un feuilleton télévisé typique :

Prédicats	Personnages	Connecteurs
meurt	Jacques	et
a une liaison	Renée	ou
est en faillite	Victor	parce que
	Hélène	
aime	Sylvain	
déteste	Armand	
a une liaison avec	Caroline	

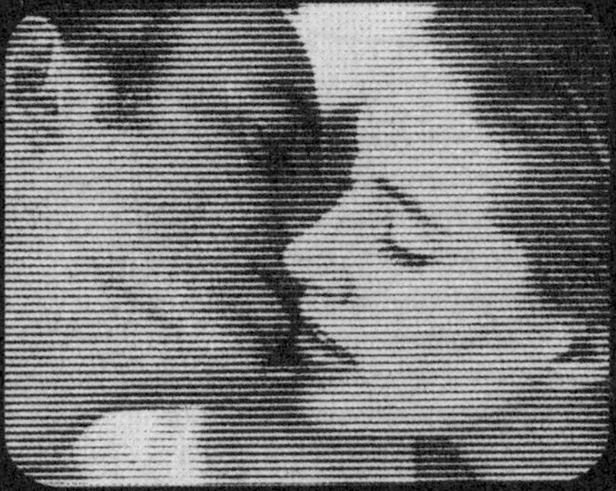

Remarquez la différence entre les prédicats qui ont un caractère comme « a une liaison » et ceux qui en ont deux comme « a une liaison avec » Ils nécessitent des règles différentes d'association. Les connecteurs n'ont pas besoin d'être « logiques » de la même façon que les connecteurs du calcul des prédicats mais leur comportement dans le langage sera défini de façon exhaustive. Toute formule possible bien structurée peut être élaborée à partir des règles suivantes :

1. Pour une phrase à un prédicat : phrase = nom, prédicat
2. Pour une phrase à deux prédicats : phrase = nom, prédicat, nom
3. Pour les connecteurs : phrase = phrase simple, connecteur, phrase simple

À partir de là, nous pouvons parvenir à un nombre potentiellement infini de phrases : « **Hélène est en faillite** », « **Jacques aime Renée** », « **Sylvain meurt car Renée a une liaison avec Victor** ».

Prologue à un feuilleton télévisé en intelligence artificielle

Même si tous les langages informatiques sont des langages officiels, certains affichent leur vraie nature de façon plus flagrante que d'autres. Dans la plupart des langages informatiques, le vocabulaire et la grammaire sont prédéterminés mais les langages comme *prologue* permettent à l'ordinateur de développer sa propre programmation.

Avec le prologue, l'idée est simple. On donne à l'ordinateur un modèle similaire à celui du langage du feuilleton télévisé mais en plus complexe. Le vocabulaire est constitué de mots à utiliser par l'ordinateur et d'instructions à accomplir. L'ordinateur peut alors se voir défini des tâches spécifiques basées sur ce vocabulaire. Il peut aussi identifier des bits de vocabulaire qu'il ne possède pas et les demander.

Le vocabulaire du prologue est constitué de « faits » qui sont des énoncés composés de prédicats et des noms de variables comme :

« Allé sur la lune (Neil Armstrong) »

et

« Allé sur la lune (Buzz Aldrin) ».

Un ensemble de règles est ajouté pour structurer et relier un fait à un autre, donc…

« Le premier homme sur la lune était Neil Armstrong ».

devient

« Le premier homme sur la lune (x) : - x = Neil Armstrong ».

L'élément final prend la forme de questions dans lequel la machine est programmée pour certaines tâches, donc

« ? premier homme sur la lune »

recevrait la réponse…

La recette de Turing pour l'intelligence artificielle

Pour préparer une machine intelligente, nous avons besoin de…

1. Un modèle avec un vocabulaire suffisamment riche pour représenter le monde réel.
2. Ce modèle sera alors utilisé pour construire une image du monde. Vous pourriez trouver ici un tableau de l'auto-apprentissage utile.
3. Maintenant, nous devons assembler les dispositifs d'entrée et de sortie. L'entrée devrait être composée de dispositifs similaires à nos propres sens. La sortie est composée de réactions comportementales appropriées à l'image du monde que nous avons créé plus tôt.

Tout en montrant que les machines peuvent être programmables en utilisant quelque chose comme un langage formel, Turing a également ouvert la voie à la construction des premiers ordinateurs numériques. C'est Turing qui a découvert que les tubes sous vide pouvaient être utilisés pour stocker des informations par voie électronique. Jusque-là, toutes ses machines avaient été mécaniques. L'introduction du tube sous vide a vu les engrenages remplacés par l'électronique. Aujourd'hui, les transistors ont remplacé les tubes sous vide mais le principe demeure inchangé.

Turing s'est suicidé en 1954, peut-être mené à cette extrémité par le traitement brutal infligé par le système juridique britannique. En dépit de son énorme contribution à l'effort de guerre et à ses travaux ultérieurs sur les ordinateurs et l'intelligence artificielle, en 1952 Turing était jugé pour «outrage à la pudeur» – en un mot parce qu'il était gay.

Le problème des paradoxes

Comme avec la plupart des choses en logique, la théorie de la preuve à première vue semble sèche et obscure. Souvent, le côté pratique de ses applications comme méthode de preuve logique semble limité. Mais il forme la structure d'une grande partie de notre science, des mathématiques et de la technologie informatique. Une des qualités de la théorie de la preuve est sa capacité à garantir un seul résultat répétable chaque fois qu'elle est appliquée à une chaîne particulière de symboles, ce qui est plus que ce qui peut être dit pour la majorité des expériences scientifiques. En revanche, si la chaîne de symboles en question affiche une contradiction, l'efficacité du procédé disparaît, car *tout* découle d'une contradiction.

Un paradoxe, c'est une déclaration qui entraîne sa négation. C'est le cauchemar d'un logicien car cela n'a pas d'importance que nous supposions que la phrase soit vraie ou fausse, nous arrivons toujours à une contradiction. Ce qui fait qu'il est très difficile de conserver la loi de la non-contradiction (aucune phrase ne peut à la fois être vraie et fausse). Le mot « paradoxe » est d'origine grecque et à juste titre. Les sceptiques dans la Grèce antique voulaient montrer que la raison ne pouvait pas conduire à la connaissance absolue – le paradoxe était leur arme principale. Le plus célèbre de ces réprouvés philosophiques était **Zeno d'Elea** (environ 495-430 avant notre ère).

cette phrase est fausse

Le problème ici, c'est que si la phrase est vraie, alors elle est fausse ; mais si elle est fausse, alors elle doit être vraie. Si nous supposons qu'elle est vraie ou fausse, cela mène toujours à une contradiction. C'est le plus célèbre de la famille des paradoxes *autoréférentiels*. On les appelle « autoréférentiels » car la phrase parle d'elle-même.

Les paradoxes peuvent-ils être évités ?

Les paradoxes posent de sérieux problèmes pour les systèmes logiques de Leibniz, Frege et Russell. Ils permettent la formulation de contradictions au sein de systèmes très simples. Les logiciens ont essayé d'éviter le paradoxe du menteur de différentes façons mais aucune n'est très convaincante.

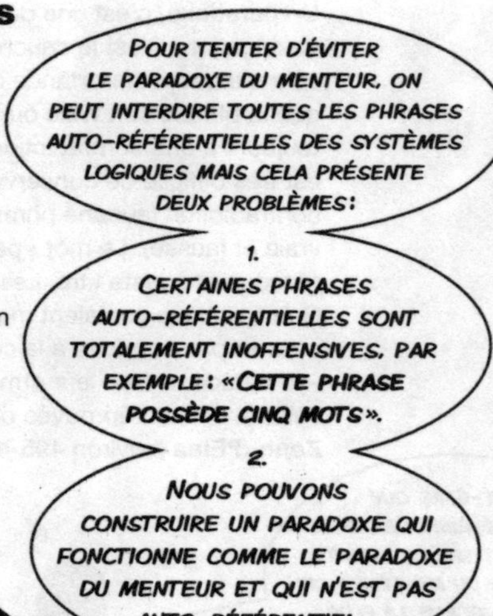

La théorie des types

Le paradoxe de Russell utilisé contre Frege est sensiblement une reformulation du menteur dans le langage de la théorie des ensembles. Russell nous demandait de considérer l'ensemble de tous les ensembles qui ne sont pas membres d'eux-mêmes. La question qu'il a soulevée était de savoir si cet ensemble est un membre de lui-même. Cela conduit à la configuration familière : c'est un membre de lui-même alors il n'est pas un membre de lui-même ; ce n'est pas un membre de lui-même alors c'est un membre de lui-même. Russell en est arrivé à un mécanisme logique compliqué pour aborder ce problème.

De la même façon, nous pouvons utiliser des prédicats qui parlent d'objets et des prédicats qui parlent de prédicats, comme par exemple « être beau est dangereux ».

La théorie de Russell soutient que si nous interdisons le croisement entre les types, alors son paradoxe est résolu – l'ensemble des problèmes est un ensemble d'ensembles et en tant que tel, d'un *type* différent que les ensembles qui le composent. Le paradoxe ne voit pas le jour car il implique un croisement entre les types.

Malheureusement, lorsque cette solution est appliquée au paradoxe du menteur, il s'avère que cette solution potentiellement infinie n'est pas suffisante. Lorsque Russell a essayé d'analyser « **Cette phrase est fausse** », il a trouvé qu'elle était constituée de deux phrases…

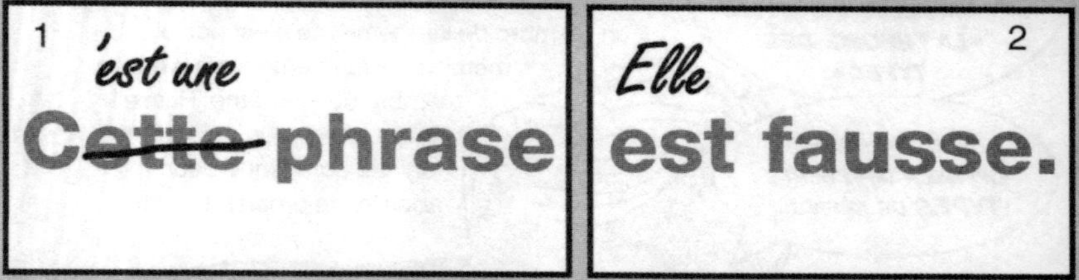

La première dit d'un objet qu'il est une phrase…

… et la seconde dit de la phrase qu'elle est fausse.

Russell pensait que « **C'est vrai** » est un prédicat qui dit quelque chose à propos d'une phrase – c'est-à-dire à propos d'un prédicat et de son objet.

Willard Van Orman Quine (1908-2000)

La solution de Tarski pour le menteur

Tarski pensait que la distinction qu'il faisait entre la « langue étudiée » et le « métalangage » pouvait très bien gérer le menteur car « est vrai » et « est faux » sont les prédicats du métalangage.

Lorsque le menteur dit « cette phrase est fausse », il se trompe en appliquant le prédicat « est faux ». Il le traite comme s'il faisait partie du langage objet. Mais il ne peut vraiment être appliqué qu'au *métalangage*.

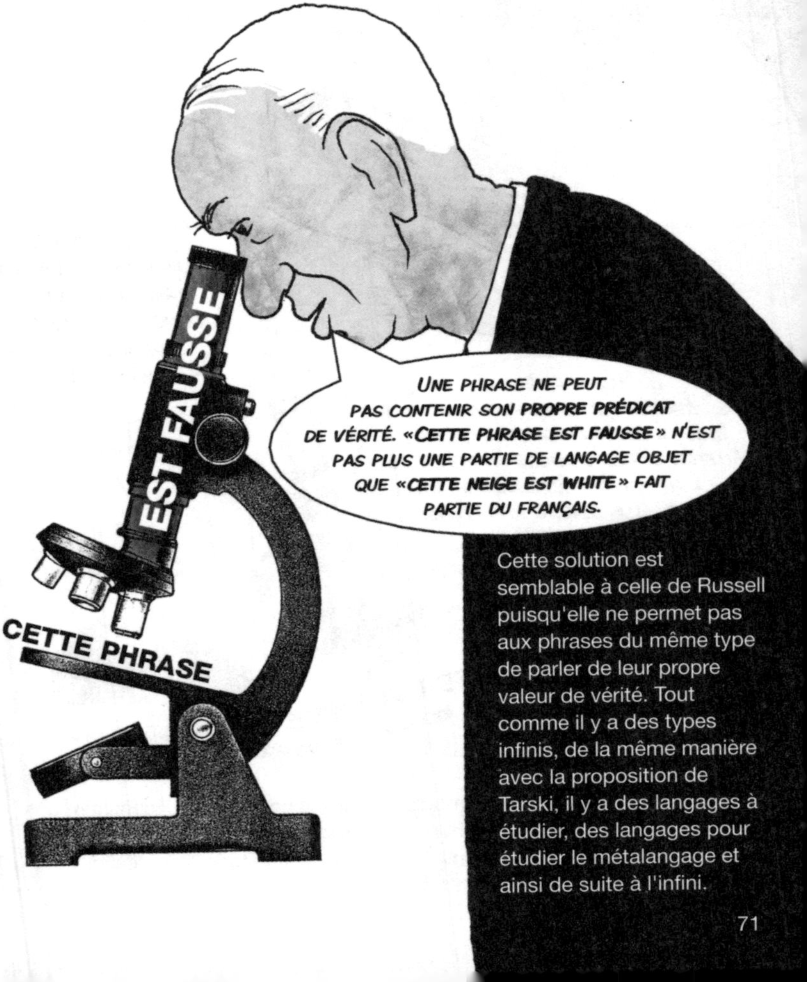

Cette solution est semblable à celle de Russell puisqu'elle ne permet pas aux phrases du même type de parler de leur propre valeur de vérité. Tout comme il y a des types infinis, de la même manière avec la proposition de Tarski, il y a des langages à étudier, des langages pour étudier le métalangage et ainsi de suite à l'infini.

Le paradoxe non levé

Tout comme le menteur semblait être un problème pour Russell, un paradoxe comme « La phrase suivante est fausse. La dernière phrase est juste » est problématique pour Tarski. Une phrase semble appartenir à la fois au métalangage et au métalangage pour le métalangage.

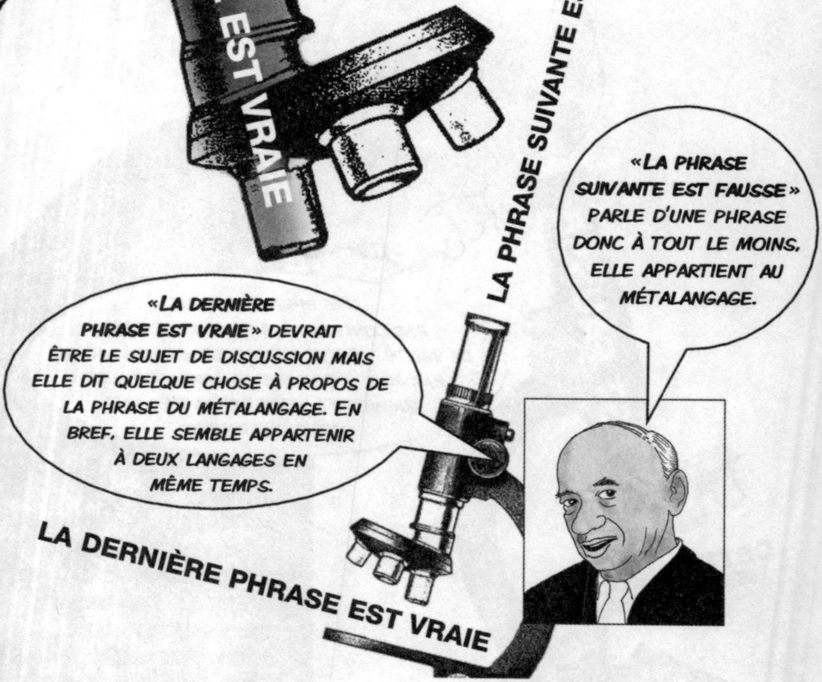

Le menteur reste l'un des grands paradoxes non résolus. Il continue de tourmenter les philosophes et les logiciens, inspirant de temps en temps de nouvelles solutions. Il a la curieuse habitude d'apparaître dans des contextes différents à des moments différents.

SAVEZ-VOUS CE QUE SONT LES «**HÉTÉROLOGIES**»?

CE SONT DES MOTS QUI NE SONT PAS CE QU'ILS DISENT. PAR EXEMPLE, «**LONG**» N'EST PAS LONG, «**GRAND**» N'EST PAS GRAND, ETC.

ET PUIS IL Y A LE MOT «**HÉTÉROLOGIQUE**», HÉTÉROLOGIQUE OU NON?

SI CE N'EST PAS HÉTÉROLOGIQUE, ALORS IL EST CE QU'IL DIT ÊTRE, MAIS ALORS, IL DIT QU'IL EST HÉTÉROLOGIQUE.

ET S'IL L'EST?

ALORS IL EST ET N'EST PAS HÉTÉROLOGIQUE – UN PARADOXE, POURRIEZ-VOUS DIRE.

ALORS IL EST ET N'EST PAS HÉTÉROLOGIQUE – UN PARADOXE, POURRIEZ-VOUS DIRE.

Hétérologique

Le théorème d'incomplétude de Gödel

Le plus influent des paradoxes autoréférentiels modernes est le second théorème d'incomplétude de Gödel. Lorsqu'il a été publié pour la première fois en 1931, peu de gens pouvaient le comprendre. Cela ne veut pas dire que les idées qu'il énonce sont particulièrement difficiles. Ses résultats ont eu un grand impact sur la science, les mathématiques et la philosophie.

Gödel a eu l'idée ingénieuse de coder les énoncés de logique et de métamathématiques comme des nombres. Il a attribué un nombre à chaque symbole dans la logique de Russell puis il a inséré les nombres dans une formule mathématique qui générait un nombre unique pour chaque chaîne de symboles possibles dans cette logique.

Dans le système de Gödel, nous pouvons traduire de la façon suivante...

P	v	¬	P
112	2	1	112

Cela permet à Gödel de produire un nombre unique pour cette formule.

Lorsque nous sommes parvenus à cette formule, nous pouvons procéder de deux façons. D'abord, supposons que cette phrase est vraie – nous avons un énoncé vrai dans la logique de Russell qui ne peut pas être prouvé. Cela signifie que la logique de Russell est *incomplète*. Sinon, si la phrase est fausse, cela signifie qu'elle est démontrable – mais alors une déclaration fausse est démontrable dans la logique de Russell, c'est donc *incohérent*.

Les conséquences du théorème de Gödel

Aucune de ces suggestions n'est très séduisante aux yeux de Russell ou de Hilbert qui voulaient élaborer un système qui produirait *toutes* et *uniquement* les phrases vraies en mathématiques. Ils se retrouvaient donc face au fait que cet objectif n'était pas réalisable en principe.

Le théorème de Gödel peut être généralisé pour couvrir n'importe quelle langue officielle suffisamment complexe dans laquelle il y a un certain « ordre » entre les différentes phrases. Gödel a ensuite prouvé que les mathématiques sont essentiellement incomplètes – qu'aucune liste d'axiomes ne peut jamais rendre compte de toutes les vérités de l'arithmétique. La conclusion selon laquelle il y a des phrases vraies en mathématiques qui ne peuvent pas être prouvées est très inquiétant pour quiconque essayant de définir les mathématiques sur une base sûre.

Gödel a enfoncé le dernier clou dans le rêve du XIXe siècle qui était de faire découler toutes les mathématiques d'un ensemble simple et rigoureux d'axiomes. La logique n'est plus pratiquée dans l'espoir de fonder les bases des mathématiques.

Le « problème de l'arrêt »

Le théorème de Gödel nous montre quelque chose de très similaire lorsqu'il est appliqué au calcul. En utilisant le système de numérotation de Gödel, chaque preuve mathématique formelle peut être transformée en un calcul numérique relativement simple. Ainsi, pour chaque formule correspond un nombre particulier. Cela veut dire que s'il y a une formule qui ne peut pas être prouvée, il y a donc un nombre qui ne peut pas être calculé.

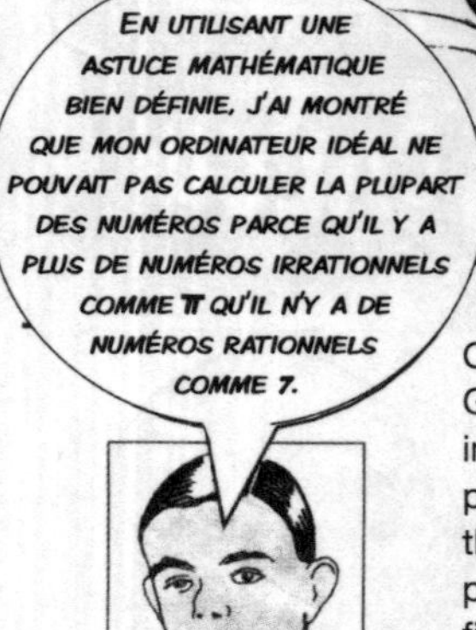

Cela veut dire que le théorème d'incomplétude de Gödel s'applique aux ordinateurs. Les nombres incalculables correspondent d'une certaine façon aux programmes qui ne donneront jamais de résultat. Le théorème d'incomplétude de Gödel signifie qu'il ne peut pas y avoir un programme qui utilise un nombre fini d'étapes pour vérifier n'importe quel programme et voir s'il arrivera à une conclusion ou à un arrêt. Il est devenu connu sous le nom de « problème de l'arrêt ». Un tel programme serait équivalent à un système dans lequel vous pourriez systématiquement calculer tous les chiffres et c'est une impossibilité.

La limite de la preuve de Gödel

En dépit de ses vastes ramifications, il y a certaines choses que la preuve de Gödel ne peut pas faire. Elle ne garantit absolument pas que nous ne pourrions pas utiliser la méthode d'Hilbert pour prouver la cohérence et l'exhaustivité de l'arithmétique, seulement qu'une telle preuve n'est pas susceptible d'être *représentée* en arithmétique. C'est vrai mais personne jusqu'à ce jour ne sait à quoi ressemblerait ce genre de preuve, sans parler de la manière d'en élaborer une.

On ne peut pas s'en servir pour dire, comme certains ont essayé, que la mystérieuse intuition doit remplacer la preuve convaincante. Ce n'est pas non plus une preuve qu'il y ait des limites intrinsèques au raisonnement humain puisque personne ne sait si le raisonnement de l'Homme relève des règles d'Hilbert.

Le théorème de l'incomplétude de Gödel a même fait partie des *conférences d'éthique* en première année de premier cycle.

Le paradoxe du mouvement de Zeno

Le plus célèbre des paradoxes non auto-référentiels a également été inventé par Zeno de Elea. Zeno voulait montrer que le mouvement était impossible. Chaque fois que nous voyons quelque chose bouger, ce sont nos sens qui nous trompent. L'argument principal de Zeno quant à cette affirmation curieuse était de montrer que si le mouvement devait exister, cela conduirait à une contradiction.

Zeno se targuait d'être parvenu à sa conclusion à partir de vraies hypothèses. Qui nierait que pour aller d'un point A à un point B, vous devez d'abord parcourir la moitié de la distance ? Mais nos sens nous disent que nous atteignons et passons tout le temps par des endroits. Donc, Zeno en conclut que nos sens nous trompent. Le paradoxe de Zeno peut s'appliquer à tous les types de mouvement.

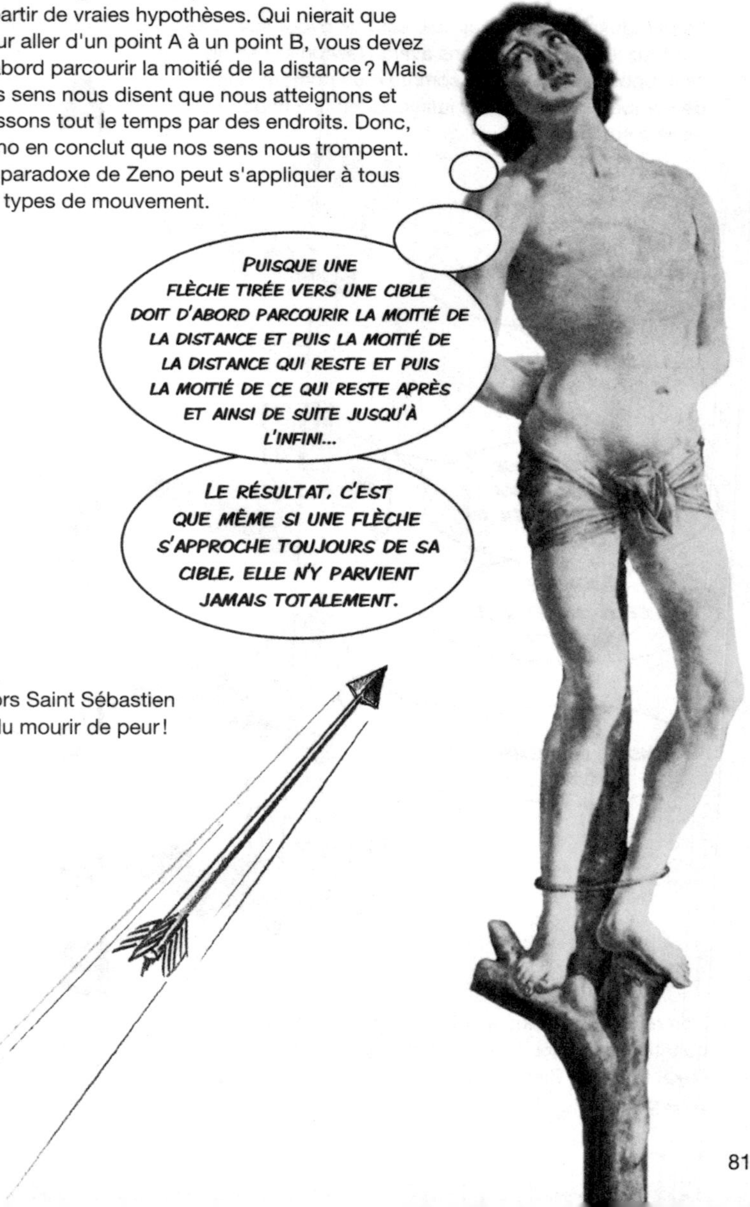

Alors Saint Sébastien
a du mourir de peur !

Une somme infinie

Le paradoxe de Zeno s'appuie sur une hypothèse faite par tous les mathématiciens avant Newton et Leibniz. Ils supposaient que toute somme d'un nombre infini de nombres positifs serait infinie. C'est une hypothèse facile à émettre.

Il en résulte que nous avons une somme infinie de quantités positives ½ + ¼ + 1/8… et cela, d'après l'hypothèse de Zeno, serait infini. Nous n'irions jamais de A à B !

Une convergence sur les limites

Ce que Newton et Leibniz ont découvert presque simultanément, c'était que souvent la somme d'un nombre positif de nombres entiers n'est *pas* infinie. Certains calculs infinis ont la propriété de converger vers les limites. Ce qui revient à dire qu'avec chaque addition ultérieure, nous nous rapprochons toujours plus d'un nombre *particulier*. Étant donné un nombre infini de calculs, on pourrait éventuellement arriver au nombre.

A ⟶ **B** ⟵ **A**

C'est fortuit car cela veut dire qu'il faut exactement le même temps pour aller de A à B que pour aller de A vers B… et nos sens sont sauvés.

Combien vaut un « tas » ?

L'autre paradoxe bien connu qui ne soit pas auto-référentiel est celui du **tas**. Il était très apprécié par les Stoïciens qui l'utilisaient pour montrer la faiblesse de la raison. Il s'appuie sur le fait que certains mots dans notre langage, comme « tas », sont imprécis. Dans certains exemples, il n'y a pas de règles précises pour dire qu'ils sont correctement appliqués.

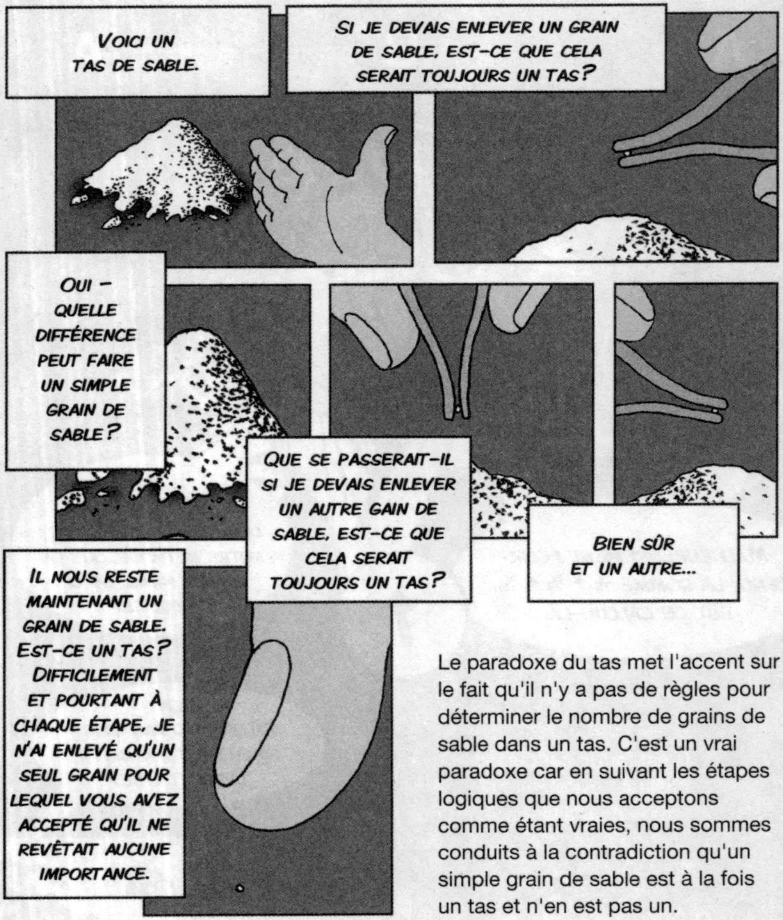

Le paradoxe du tas met l'accent sur le fait qu'il n'y a pas de règles pour déterminer le nombre de grains de sable dans un tas. C'est un vrai paradoxe car en suivant les étapes logiques que nous acceptons comme étant vraies, nous sommes conduits à la contradiction qu'un simple grain de sable est à la fois un tas et n'en est pas un.

Le défi des séries

Le paradoxe sorite peut être appliqué à d'autres choses que des grains de sable. Il peut concerner presque tout ce que vous pouvez changer dans la minute. Récemment, le philosophe Peter Unger a publié un article sous le titre « Je n'existe pas ». Il y réalise un paradoxe sorite sur lui-même, en enlevant une cellule à la fois. Le sorite n'a aucune incidence sur la logique formelle dans laquelle ce qui compte est la pure manipulation de symboles. Mais une fois que nous essayons d'appliquer un sens à ces symboles, ce paradoxe devient très important car beaucoup de mots de tous les jours comme *peu, beaucoup, grand, petit* et autres, ainsi que les couleurs et les sons, peuvent être utilisés pour générer un paradoxe sorite.

Compromettre la logique

En plus de la menace qu'il représente au niveau de la tentative d'utilisation d'ensembles pour analyser les prédicats de notre langue, le paradoxe sorite met en question la capacité du calcul propositionnel et de prédicat pour décrire la façon d'être du monde.

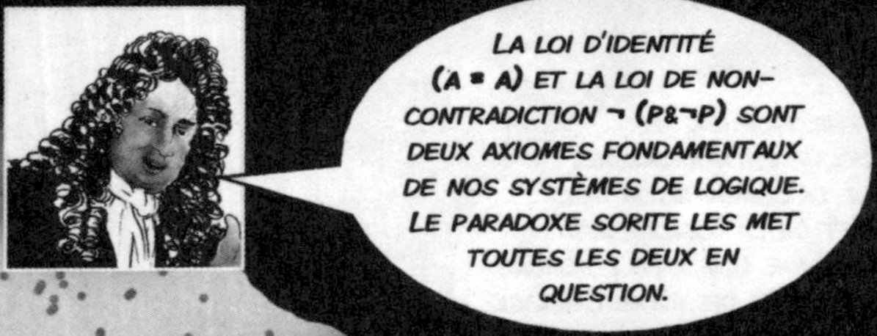

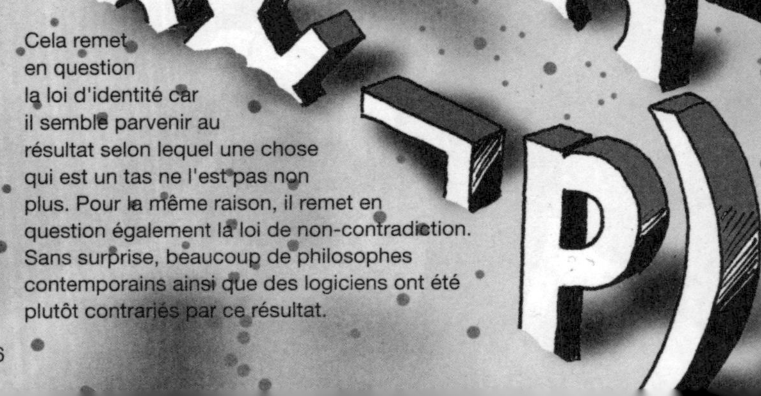

Cela remet en question la loi d'identité car il semble parvenir au résultat selon lequel une chose qui est un tas ne l'est pas non plus. Pour la même raison, il remet en question également la loi de non-contradiction. Sans surprise, beaucoup de philosophes contemporains ainsi que des logiciens ont été plutôt contrariés par ce résultat.

La fiction des mots vagues

Beaucoup de solutions possibles ont été proposées. Elles se répartissent en trois catégories. Certains suggèrent que le problème repose sur l'application de concepts vagues au monde. D'autres pensent que l'imprécision n'est qu'apparente. Quelques-uns pensent que la meilleure chose à faire est de rompre avec les contraintes de la logique propositionnelle et le prédicat. Frege pensait qu'il ne devrait pas y avoir de termes vagues dans l'argumentation logique. Pour Frege, la question de la logique était de la précision scientifique et les mots vagues ne servent que comme une fiction utile dans le langage courant.

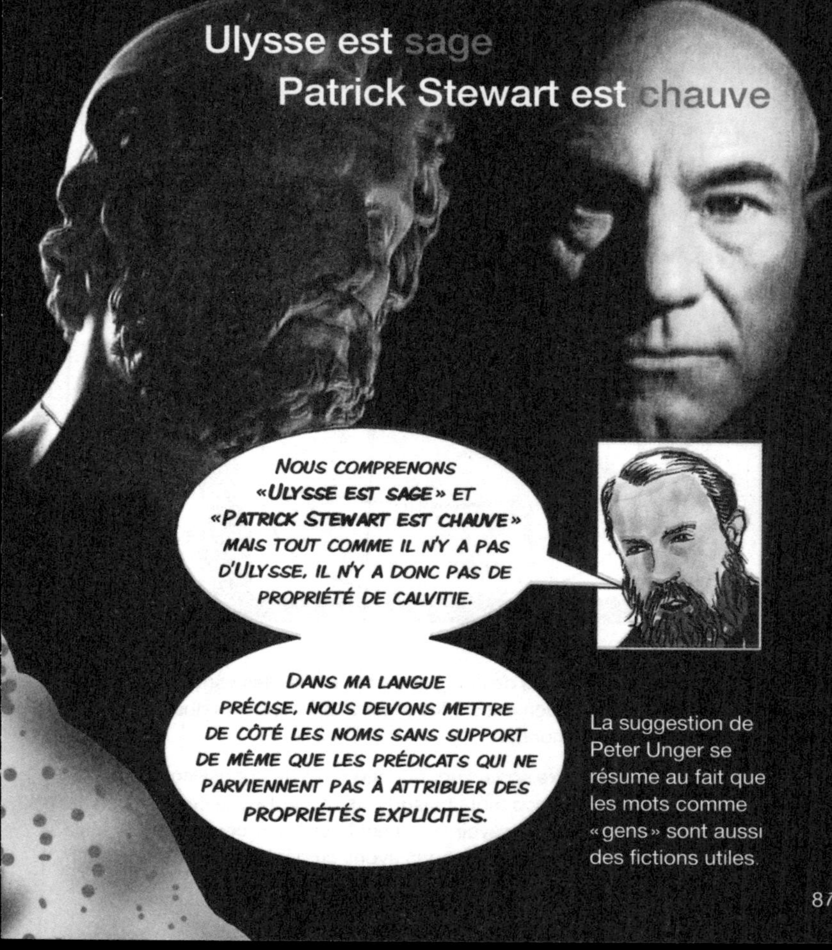

La suggestion de Peter Unger se résume au fait que les mots comme «gens» sont aussi des fictions utiles.

Que «signifient» les mots?

D'autres penseurs contemporains choisissent de nier l'imprécision ou bien revendiquent le fait que l'imprécision est uniquement due à un manque de connaissances. Ils prétendraient par exemple qu'un nombre particulier de grains de sable constitue un tas mais il se peut que nous ne le sachions pas. Ils pensent que la vraie question est de savoir si quelque chose constitue ou non un tas.

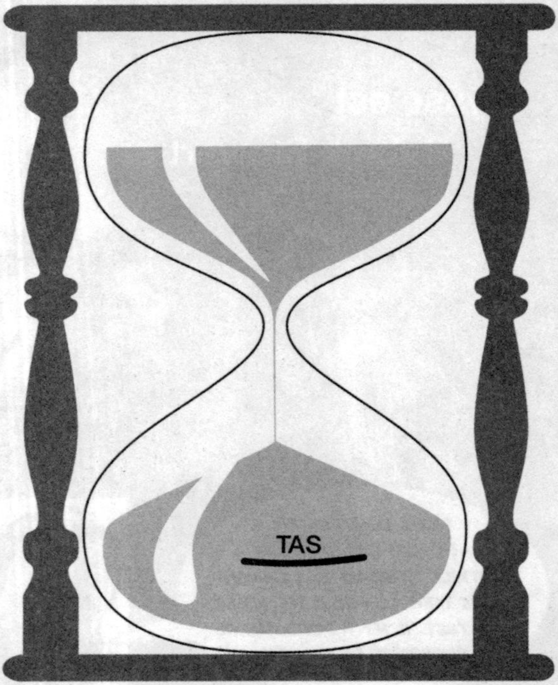

Donc, les bonnes vieilles lois de la logique sont en fait des vérités du monde. Le problème repose uniquement sur les mots et les concepts que nous utilisons pour parler du monde.

Cette solution au paradoxe sorite suggère que nous ne connaissons pas réellement ce que signifie nos mots puisqu'il est accepté que connaissant la signification d'un mot signifie savoir comment l'appliquer correctement. Mais la solution rejette explicitement que nous ayons ce genre de connaissances.

La logique floue

Parce qu'aucune de ces conclusions n'est concluante ou non problématique, il y a des penseurs qui ont serré les dents et accepté le résultat de ce paradoxe. Ils renoncent à la demande très ancienne selon laquelle les déclarations ont une des deux valeurs possibles de vérité : *vrai* ou *faux*. Maintenant, nous pouvons penser à des phrases étant « très vraies », « assez vraies », « raisonnablement fausses », « complètement fausses », etc. Toute une famille de logiques est ainsi crée, appelée collectivement « logique floue ».

Avec une logique floue, la vérité peut être considérée comme une échelle continue :

100 %			50 %		0 %
complètement vrai	très vrai	assez vrai	assez faux	très faux	complètement faux

Des tas flous

Recourir à la logique floue n'est pas une solution mais une soumission au paradoxe. Mais même si nous l'acceptons, nous ne pouvons pas nous débarrasser complètement des sorites. La continuité de la vérité de la logique floue se prête à une version du paradoxe des sorites.

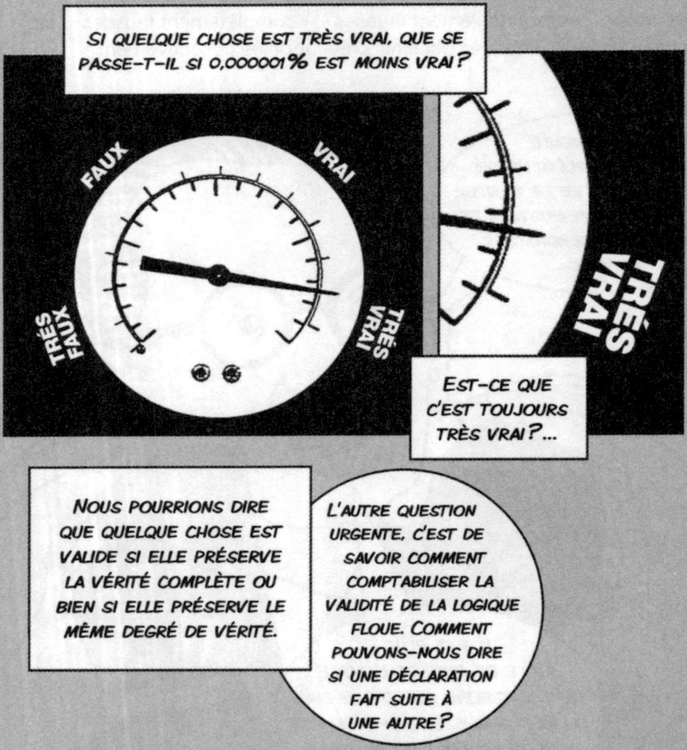

La première suggestion nous ramène au point de départ. Nous pouvons valablement conclure que quelque chose est vrai si cela découle d'une déclaration *complètement* vraie. Alors que la seconde option signifie qu'il est difficile de savoir si nous pourrions jamais connaître la vérité de nos énoncés et ainsi de ne jamais faire une conclusion valable. En bref, le paradoxe sorite continue d'empêcher de dormir ceux qui sont enclins à se quereller sur de tels problèmes.

Est-ce que la logique peut échapper au paradoxe ?

L'Histoire de la logique est parsemée de paradoxes. Elle peut être considérée comme une lutte entre deux camps – les constructeurs du système et les auteurs du paradoxe. Pour la plupart, les constructeurs du système recherchent des manières précises pour analyser nos concepts. Pour ce faire, ils tentent d'utiliser la logique pour obtenir tous les vrais énoncés de façon claire et précise. En revanche, un bon paradoxe défiera la capacité de la logique à faire cela en jetant le doute sur notre aptitude à distinguer ou à déduire des énoncés vrais et faux ou bien à fournir des définitions claires pour nos concepts.

Compte-tenu de ces limites de calcul de prédicats, ce n'était qu'une question de temps avant que quelques logiciens essaient de s'en éloigner et développent de nouveaux systèmes de logique. La logique floue n'est qu'une de ces logiques « non classiques ».

Des logiques non classiques : l'intuitionnisme

L'une des premières alternatives à ce qui porte le nom maintenant de « logique classique » est venue de **L.E.J Brouwer** (1881-1966). Il s'opposait au projet de Frege et de Russell de réduire les mathématiques à la logique. Il pensait que les mathématiques reposaient sur des « intuitions » de base que nous avons à propos de ce que sont certains objets de mathématiques de base (comme le nombre et la ligne). Son point de vue est connu comme étant « **l'intuitionnisme** ».

L'argument du diable

Brouwer s'est principalement concentré sur les cas d'ensembles infinis et de séquences. Par exemple, l'ensemble de tous les nombres positifs et la séquence de chiffres comprenant des nombres irrationnels comme π et $\sqrt{2}$. L'argument de Brouwer pourrait être expliqué comme cela...

Je peux *logiquement* vous prouver que la séquence 666 doit apparaître quelque part dans le prolongement de tout nombre irrationnel comme π. Car, dire qu'il n'est pas là, c'est la même chose que de dire que pour tous les chiffres de π, ce n'est pas le cas que la séquence 666 y apparaisse. Mais cela ne peut jamais être prouvé *mathématiquement*. Même si vous remplissez chaque morceau de papier dans le monde avec des chiffres de π, il y aurait toujours infiniment plus de chiffres que vous n'avez pu le vérifier.

La logique intuitionniste

Même si Brouwer voulait montrer que certaines preuves mathématiques fonctionnent différemment par rapport à la logique, on constatait que l'argument de Brouwer pouvait également indiquer que certaines branches du travail sur les mathématiques opèrent avec une logique différente. Certaines ont même développé cette logique-là et tenté de montrer que c'est en fait la logique de toutes les mathématiques. Elle porte le nom de « logique intuitionniste ».

L'intuitionnisme face à la méthode de *réduction*

Notons une caractéristique importante de la logique intuitionniste qui veut que la méthode de *réduction* de Leibniz ne peut pas fonctionner dans ce cas-là. Dans la méthode de *réduction*, nous prouvons un énoncé mathématique en assumant son contraire et en obtenant une contradiction. Mais le passage de « sa négation est fausse » à « est exacte » repose sur la loi du tiers exclu. La méthode de *réduction* ne nous fournit pas une construction de la phrase mathématique à partir des axiomes d'une branche des mathématiques comme elles sont supposées le faire.

La mode intuitionniste

Ce problème a mené à une nouvelle mode mathématique pendant les années 1930 pour essayer de trouver des preuves à quelques phrases mathématiques de base et fréquemment utilisées en se servant de la logique intuitionniste. Beaucoup de ces preuves ont été trouvées. Des départements de mathématiques et de philosophie ont vu le jour et des nouvelles divisions universitaires ont été créées. Même les méthodes officielles d'Hilbert, tout en étant concurrentes de la logique intuitionniste, ont été conçues pour utiliser uniquement des procédures intuitionnistes agréées.

Jusqu'à ce que finalement, Gödel s'y intéresse.

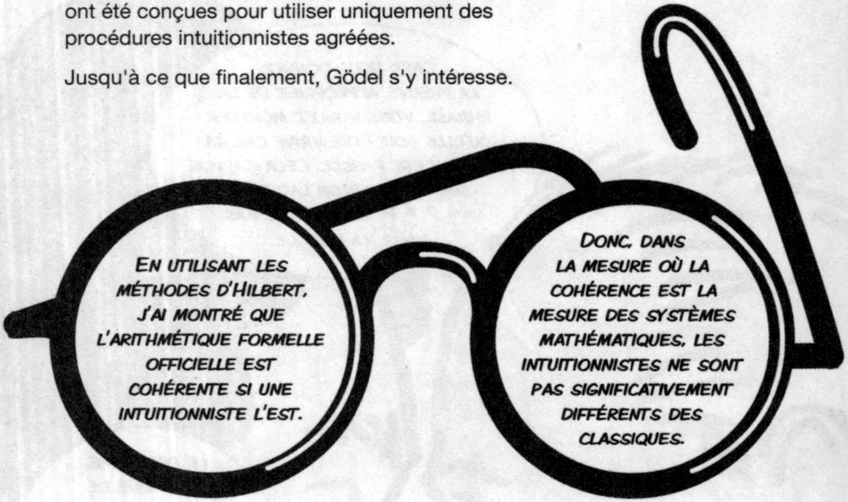

L'intérêt pour ce débat a diminué un peu depuis, mais la notion de base – selon laquelle nous avons besoin d'une preuve constructive pour être certain qu'une affirmation est vraie – a toujours ses partisans modernes parmi les logiciens, mathématiciens, scientifiques et philosophes.

Aborder quelques vieux problèmes

Environ à la même époque, l'intérêt avait été suscité par une idée qu'un mathématicien polonais **Jan Lukasiewicz** (1897-1956) avait publiée en 1920. Cela n'a pas engendré beaucoup de réaction en dehors de la Pologne pendant plus de dix ans. Lukasiewicz abordait quelques vieux problèmes qui étaient connus pour exister dans la logique depuis Aristote jusqu'à Russell.

La valeur du possible

Lukasiewicz voulait un système logique qui pouvait intégrer et traiter ces éléments de langage. Pour ce faire, il a conçu une logique qui avait trois valeurs de vérité : faux, vrai et une qu'il mettait dans la rubrique de « possible ». N'importe quelle déclaration dans la logique de Lukasiewicz peut afficher la troisième valeur de vérité, mais elle peut aussi être fausse ou vraie.

Valeurs de vérité en nombres

Pour résoudre ce problème, il est plus facile de penser aux valeurs de vérité sous la forme de nombres. Vrai et faux ont été aussi fréquemment représentés par **1** et **0**.

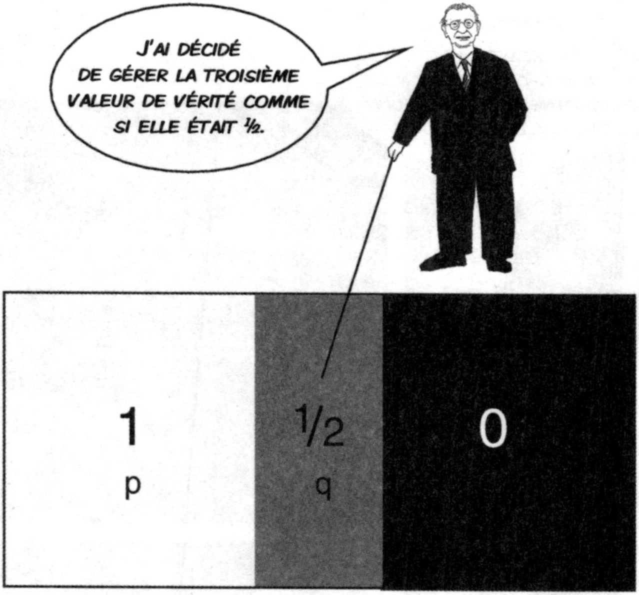

En utilisant des nombres, la valeur de vérité de **p&q** serait la plus petite entre les valeurs de vérité de **p** et de **q**.

Donc, si **p** est 1 et **q** est ½, alors **p&q** est aussi ½

La valeur de **pvq** est, de façon similaire, la plus grande parmi les valeurs de vérité de **p** et de **q**, donc si **p** est **0** et **q** est ½, alors la valeur de **pvq** serait aussi ½.

La valeur de **¬p** serait 1 moins (la valeur de **p**) donc si **p** est possible (1 : 2), sa négation l'est également.

Le possible et la non-contradiction

Par conséquent, dans la logique de Lukasiewicz, ni la loi du tiers exclu ni la loi de non-contradiction ne fonctionne. Il est faux de dire que soit **p** est vrai ou **non-p** est vrai car **p** peut aussi être « possible ». Pour la même raison, il est également faux de dire que **p** et **¬p** ne peuvent pas avoir la même valeur de vérité.

En dépit du fait que deux règles fondamentales de la logique classique ne s'appliquent pas à la logique de Lukasiewicz, elle est parfaitement cohérente et elle peut être utilisée tout aussi bien que la logique de Russell. Lorsque les suspects habituels ont pris conscience de l'invention de Lukasiewicz, il a été rapidement montré que ses définitions de connecteurs logiques pouvaient s'appliquer pour créer des logiques avec n'importe quel nombre de valeurs de vérité de trois jusqu'à l'infini.

Tout ce que vous devez faire si vous voulez, par exemple, avoir une logique avec 7 valeurs de vérité, c'est de donner à chaque valeur de vérité la valeur numérique de 1/6. Vous aurez les valeurs de vérité…

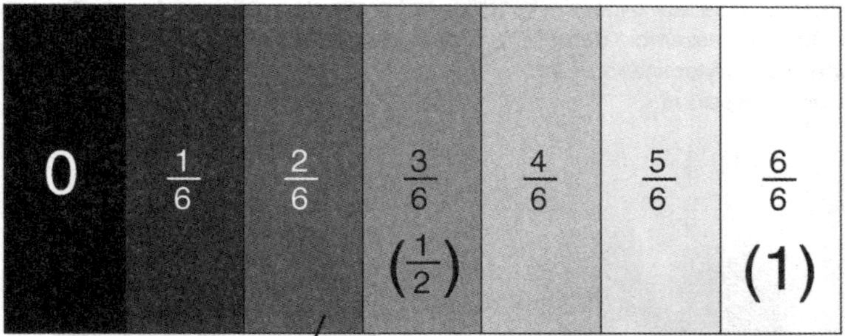

c'est-à-dire sept valeurs de vérité au total.

De la logique classique à la logique floue

Brouwer et Lukasiewicz ont initié la période moderne dans la logique. Depuis lors, la logique a évolué rapidement. Nous avons maintenant des douzaines de systèmes de logique qui représentent un intérêt pour quelqu'un, quelque part. La logique a été analysée dans ses parties les plus simples en utilisant des outils venus de l'algèbre puis rassemblés à nouveau pour tous les goûts et toutes les modes. Tout ce qui est arrivé en logique depuis Aristote jusqu'aux années 1930 a été rassemblé dans une seule dénomination – la logique classique.

Les états électroniques «possibles»

Une application importante de la logique floue se retrouve dans le domaine des machines électroniques. Souvenez-vous la façon dont fonctionnent beaucoup d'appareils électroniques. Ce sont généralement des appareils qui utilisent des interrupteurs **oui/non** ou **on/off**, sur le modèle de calcul propositionnel avec les deux valeurs traditionnelles de vérité, **vrai** et **faux**.

Mais il y a des appareils qui peuvent utiliser des commutateurs avec plus de deux positions possibles.

Lorsque des machines utilisent des interrupteurs avec plus de deux états possibles, elles peuvent être modélisées en utilisant une logique floue, aussi facilement que les plus simples peuvent être modélisées avec le calcul propositionnel.

Le moteur de recherche de la logique floue

Une autre implication importante de la logique floue se retrouve dans le domaine de l'intelligence artificielle. Supposons que nous voulions un système intelligent de recherche d'informations, comme un moteur de recherche Web amélioré. Plus un moteur peut reconnaître ce que vous cherchez à partir d'une liste de mots que vous lui donnez, meilleur il sera.

La machine logique floue

En général, la logique floue est un meilleur outil que la logique classique lorsqu'il s'agit de la reconnaissance des formes, plutôt que de trouver des correspondances à 100 % entre les choses. En utilisant la logique floue, nous pouvons avoir des machines qui spécifient lorsqu'une chose est similaire à une autre. C'est une compétence importante avec de nombreuses applications en intelligence artificielle, telle que la reconnaissance du mot, la reconnaissance d'objet, etc.

La logique dans le monde quantique

Le mariage au XXe siècle de la logique et de l'algèbre a conduit à d'autres logiques étranges avec d'importantes applications scientifiques et technologiques.

À ce moment-là, l'algèbre et la logique étaient si proches que si nous avions une formulation algébrique de la mécanique quantique, nous pouvions également en avoir une pour la logique.

La loi distributive de la logique quantique

La logique quantique a fait son apparition dans les années 60. L'idée, c'est que l'univers quantique – que les scientifiques trouveront difficile à comprendre et à décrire – fonctionne selon sa propre logique. Comme la philosophe **Hilary Putnam** (avant 1926) le disait, cette logique est très différente de la logique classique qui vient du langage humain et du raisonnement.

Comment fonctionne la logique quantique

La loi distributive de la logique classique fonctionne ainsi...

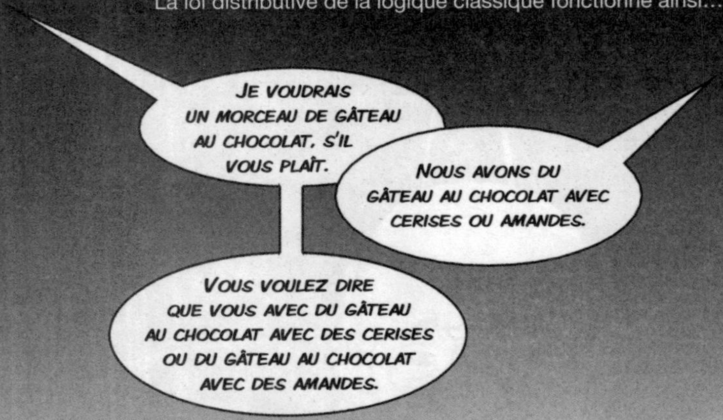

Dans la logique quantique, cette règle simple ne fonctionne pas.

Le boulanger devrait avoir du gâteau au chocolat soit avec des cerises soit avec des amandes mais lorsque vous vérifiez, vous pouvez ne pas trouver de gâteau au chocolat avec des cerises pas plus que de gâteau au chocolat avec des amandes.

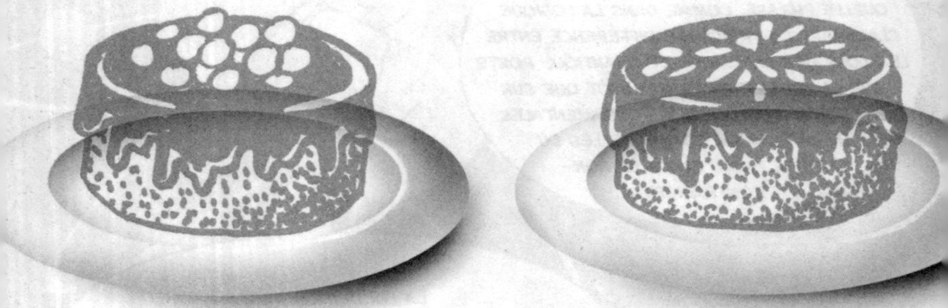

Vous êtes perdu ? Maintenant, vous savez pourquoi les physiciens continuent autant d'étudier la question.

La logique par l'expérimentation

L'invention de la logique quantique a conduit Putnam à affirmer que la question dont la logique s'applique au monde est *empirique* et ne peut être tranchée que par l'expérimentation. Putnam affirmait que la mécanique quantique permet vraiment de découvrir que le monde subatomique fonctionne selon une logique différente de celle à laquelle nous sommes habitués dans le monde quotidien. Depuis, Putnam a dû revoir ses notes.

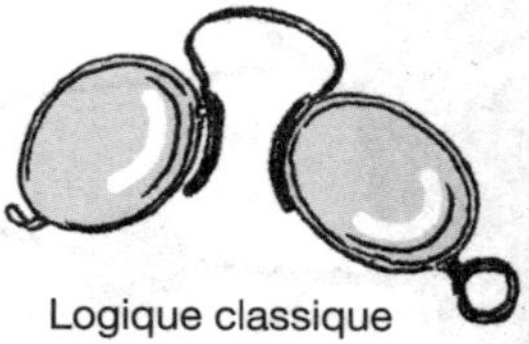

Logique classique

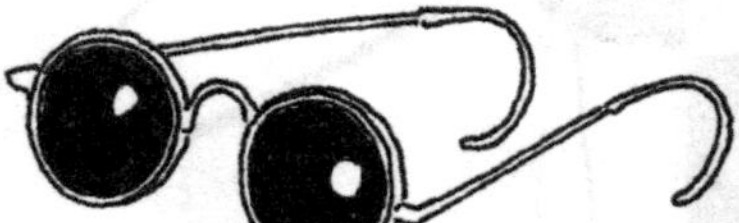

Logique floue

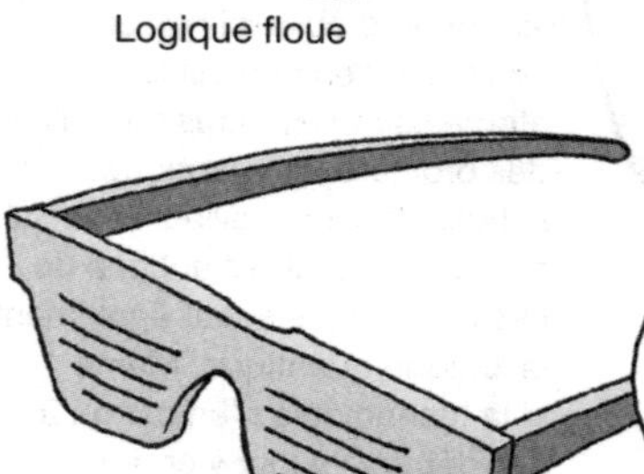

Logique quantique

La logique quantique peut ne pas supprimer le fondement même qui se trouve derrière notre foi dans le raisonnement humain mais elle a des applications qui nous emmènent presque dans le royaume de la science-fiction.

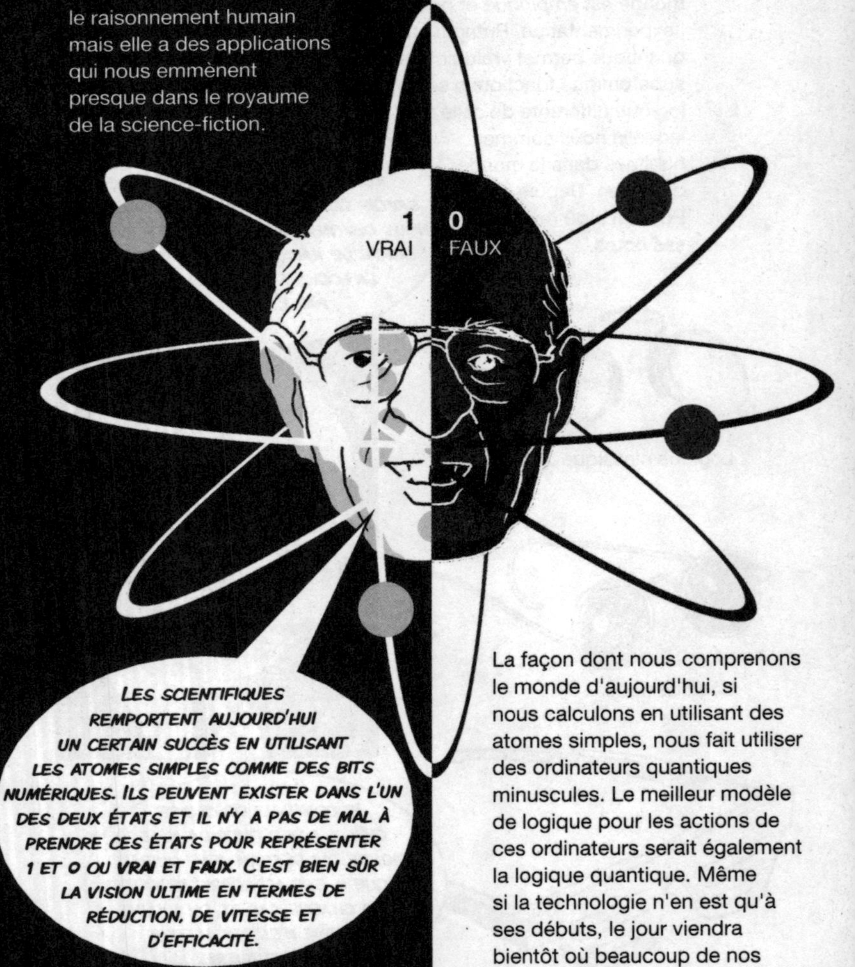

La façon dont nous comprenons le monde d'aujourd'hui, si nous calculons en utilisant des atomes simples, nous fait utiliser des ordinateurs quantiques minuscules. Le meilleur modèle de logique pour les actions de ces ordinateurs serait également la logique quantique. Même si la technologie n'en est qu'à ses débuts, le jour viendra bientôt où beaucoup de nos calculs les plus complexes se feront par les lois étranges de la logique quantique.

Logique et sciences

Si les seules applications de la logique étaient les arguments et la fondation des mathématiques, alors ce serait un outil plutôt limité. Néanmoins, l'ensemble de la science moderne implique l'application d'outils logiques et mathématiques. La logique de Frege était en fait conçue pour aider à créer un langage scientifique rigoureux. Mais les liens entre la logique et la science remontent beaucoup plus loin que cela.

Malheureusement, essayer de prévoir le mouvement des planètes avec cette idée s'est avéré très difficile. Finalement, au deuxième siècle de notre ère, Ptolémée a commencé à ajouter des cercles au système d'Aristote pour tenir compte du mouvement de la masse.

La révolution copernicienne

Les ajouts de Ptolémée ont été utiles pendant un temps mais Mars a poursuivi sa marche en dehors de l'orbite prévue. Cela a été géré en ajoutant un nombre toujours croissant de cercles jusqu'à la révolution copernicienne au milieu du XVe siècle. Copernic a suggéré que les prédictions seraient simplifiées si la Terre tournait en rond autour du Soleil.

L'hérésie de Copernic a inspiré des gens comme Galilée et Kepler. Galilée pensait que la controverse devrait être résolue par l'expérience. En faisant preuve d'un esprit brillant de déduction, il en conclu que si la Terre tournait autour du Soleil, cela affecterait le mouvement d'un pendule. Et c'est le cas.

La révolution de Galilée

Galilée soutenait que les phénomènes de la Nature devaient faire l'objet d'une observation attentive et de mesure rigoureuse. Nous ne devrions pas nous fier à l'autorité du passé mais à l'observation quantifiée. Pour lui, « les mathématiques sont le langage de la Nature ». Galilée a relancé l'idée de Platon selon laquelle la Nature est régie par des lois mathématiques.

Galilée a été contraint de se rétracter par l'Église et il passa le reste de sa vie isolé de tous. Mais la révolution scientifique était en marche. Bientôt, le monde d'Aristote allait s'écrouler sur lui-même.

Méthodes de déduction et d'induction

Les méthodes de Galilée sont devenues la méthodologie de la science développée par les philosophes **Francis Bacon** (1561-1626) et René Descartes.

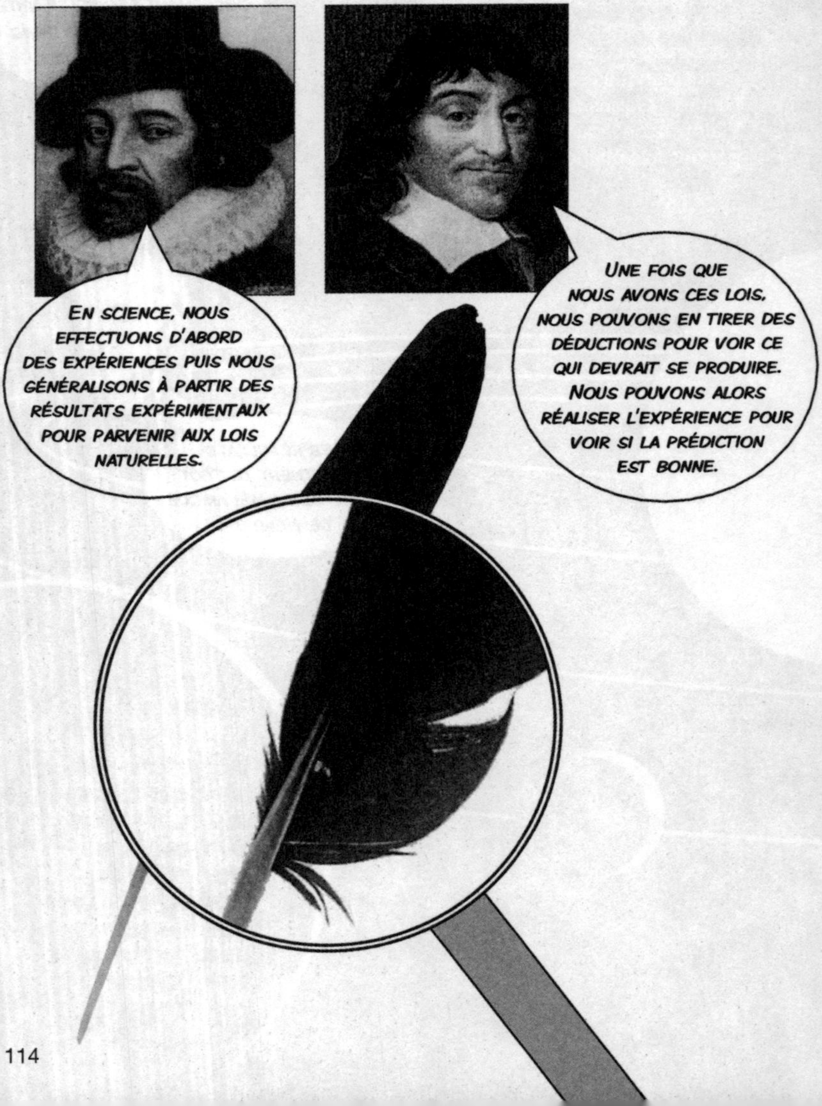

Descartes et Bacon représentent deux formes de raisonnement – la *déduction* et l'*induction*. La déduction est la méthode utilisée pour montrer qu'une théorie découle d'une autre théorie. L'induction est la méthode qui consiste à déduire une règle générale à partir de quelques cas.

Problèmes avec l'induction

En déduction, la vérité de la conclusion découle de la vérité de l'hypothèse. Dans une induction, nous ne pouvons pas en dire autant. Le fait que les deux corbeaux soient noirs ne contredit pas le fait qu'il y ait un corbeau blanc au Japon. Mais la règle générale selon laquelle « tous les corbeaux sont noirs » est incompatible avec l'existence d'un corbeau blanc.

La fourche de Hume

Même si nous sommes en mesure d'utiliser l'induction avec beaucoup de succès, son application reste néanmoins discutable. Le philosophe écossais **David Hume** (1711-1776) s'est vu attribuer l'idée que notre utilisation de l'induction est injustifiée.

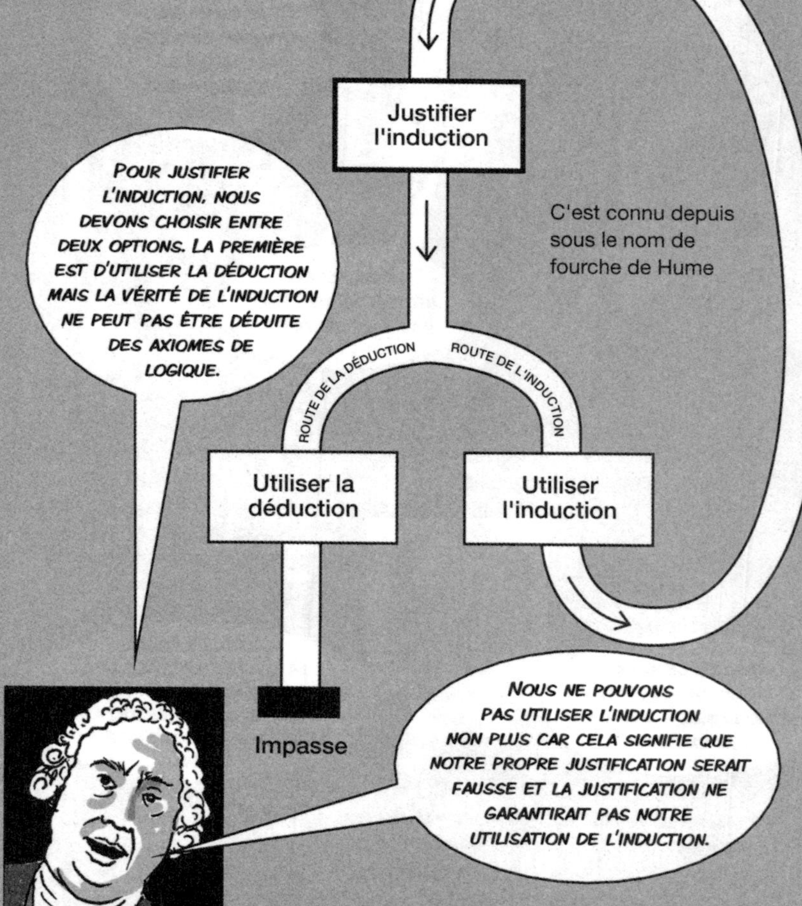

Déduction nomologique

Hume pensait que l'inférence inductive est un *fait psychologique* à propos des êtres humains. Une fois que nous avons été brûlés, nous éviterons de mettre la main dans le feu à partir de là. Nous déduisons par expérience.

Les tentatives menées pour établir notre utilisation de l'induction n'ont pas été entièrement concluantes. Avec la montée du Cercle de Vienne, un doute sérieux a été émis à propos de l'idée selon laquelle la science est véritablement inductive.

Plutôt que de croire que prédiction et explication nécessitent des méthodologies distinctes – une inductive et une déductive – nous laissons la déduction faire tout le travail. Nous voyons un phénomène puis nous proposons une loi qui peut expliquer le lien de causalité. Nous en déduisons alors ce qui peut aussi découler de cette loi et nous cherchons la confirmation empirique ou la falsification.

Le modèle nomologique a commencé avec le philosophe **John Stuart Mill** (1806-1863). Il pensait que la science était une division de la logique et que les inférences inductives n'étaient rien que des généralisations empiriques. La confiance dans ces généralisations augmente plus elles sont confirmées de façon empirique par opposition à des alternatives. Mais nous ne sommes jamais complètement certains de leurs conclusions. Le point commun à toutes les inférences inductives, c'est de croire que tout dans la Nature doit avoir une cause ou une condition qui est à la fois nécessaire et suffisante pour entraîner son existence. Nous pouvons découvrir ces deux types par la généralisation à partir de l'observation.

Une condition suffisante est celle qui ne peut exister sans son effet – comme le feu avec la chaleur. Pouvons-nous avoir un cas de feu sans chaleur?

L'induction par la généralisation

Le travail du scientifique est donc similaire à celui d'un chimiste qui distille une substance quelconque. Par l'utilisation judicieuse de l'induction, de la déduction et l'élimination des candidats, le scientifique retient finalement quelques conditions nécessaires et suffisantes pour n'importe quel phénomène. Plus il y a d'expériences réalisées, plus le scientifique peut être certain de trouver les causes correctes pour un certain effet.

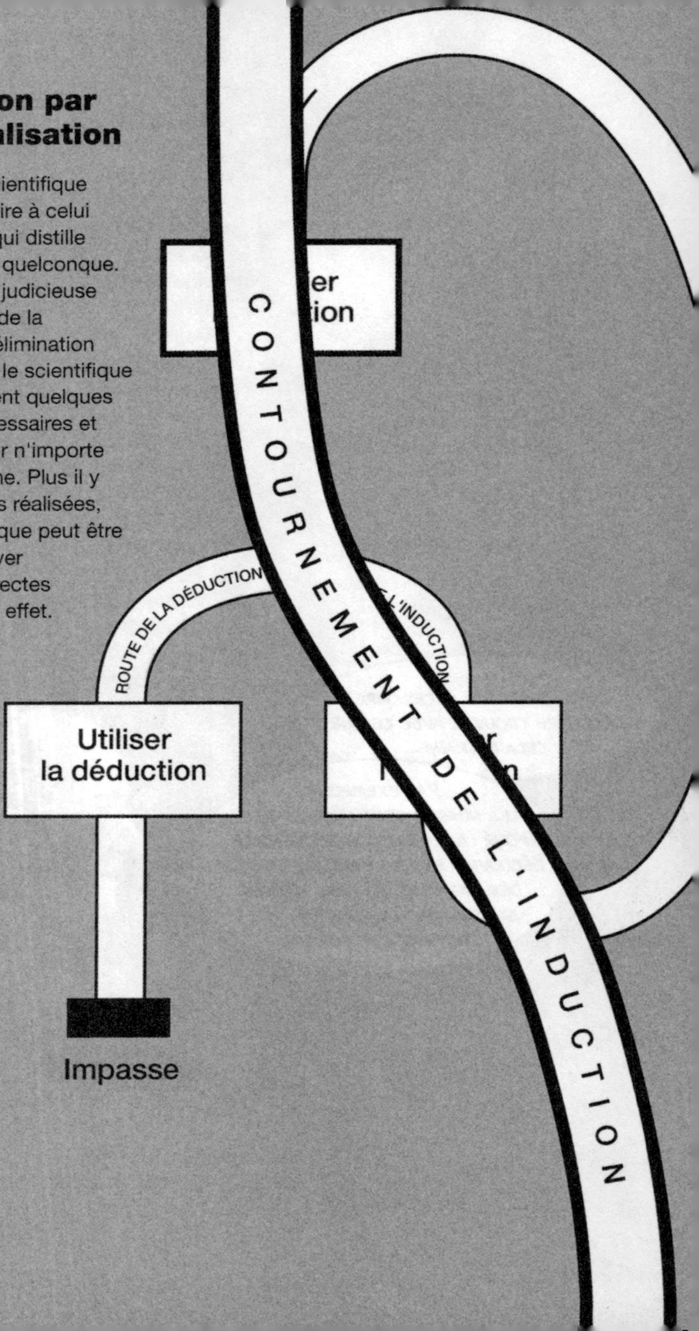

Hume affirmait que nous ne pouvons pas utiliser la déduction pour justifier l'induction. Mais Mill soutient que la déduction elle-même est seulement supposée agir du fait de *l'induction de généralisations* tirées de notre expérience. Hume ne peut pas utiliser le raisonnement par déduction pour saper l'induction car cette forme de raisonnement elle-même repose sur l'induction.

Pour Galilée, les mathématiques sont le langage de la Nature qui peut éventuellement découvrir les lois mathématiques de la Nature. Mill quant à lui considère les mathématiques comme une autre forme de généralisation. Son idée, c'est que la science se déplace vers des règles encore plus générales qui prévoient toujours plus précisément.

Le point de vue de Mill sur les mathématiques et la logique est tout à fait original et unique. Mill pensait que la certitude avec laquelle nous organisons les énoncés mathématiques et logiques comme **1 + 1 = 2** et **¬ (p&¬p)** est due au très grand nombre de confirmations empiriques que nous avons d'eux. Les philosophes avaient depuis longtemps essayé d'expliquer la vérité prétendument nécessaire des mathématiques et de la logique. Mill faisait valoir qu'il n'y a rien à expliquer. Ce ne sont pas des déclarations spéciales mais juste des affirmations plus largement confirmées.

Lois ou prédictions empiriques

Les philosophes n'ont jamais été totalement convaincus par la justification empirique pour les mathématiques et la logique. Le problème, c'est que les énoncés de mathématiques – par exemple (2 + 2 = 4) semblent se comporter comme des *lois*, non pas simplement comme des *prédictions* qui, par exemple, si je mets ensemble deux et deux pommes, j'aurai quatre pommes.

Les règles de mathématiques ne prédisent pas les événements futurs mais réglementent plutôt ce que nous considérons comme rationnel. Chaque fois que nous trouvons un cas qui semble fausser les règles des mathématiques, nous cherchons toujours une autre explication rationnelle. Il n'y a aucun cas pour lequel nous voudrions céder et accepter que les règles de mathématiques soient fausses dans certains cas.

Il est également difficile de voir comment ces idées modernes-là telles que les *nombres imaginaires* et la *géométrie avec plus de trois dimensions* peuvent être des généralisations tirées de l'expérience puisque nous ne trouvons jamais ces choses-là dans le monde réel.

Le paradoxe du corbeau

La méthode déductive nomologique a été mise à jour par **Karl Hempel** (1902-1997) issu du Cercle de Vienne. Il décrivait la science comme étant la recherche de règles générales reposant sur le lien de *causalité* qui pourrait expliquer tout le phénomène et uniquement celui-là observé au moment de l'expérience. Mais il découvrit bientôt des problèmes à propos de ce modèle.

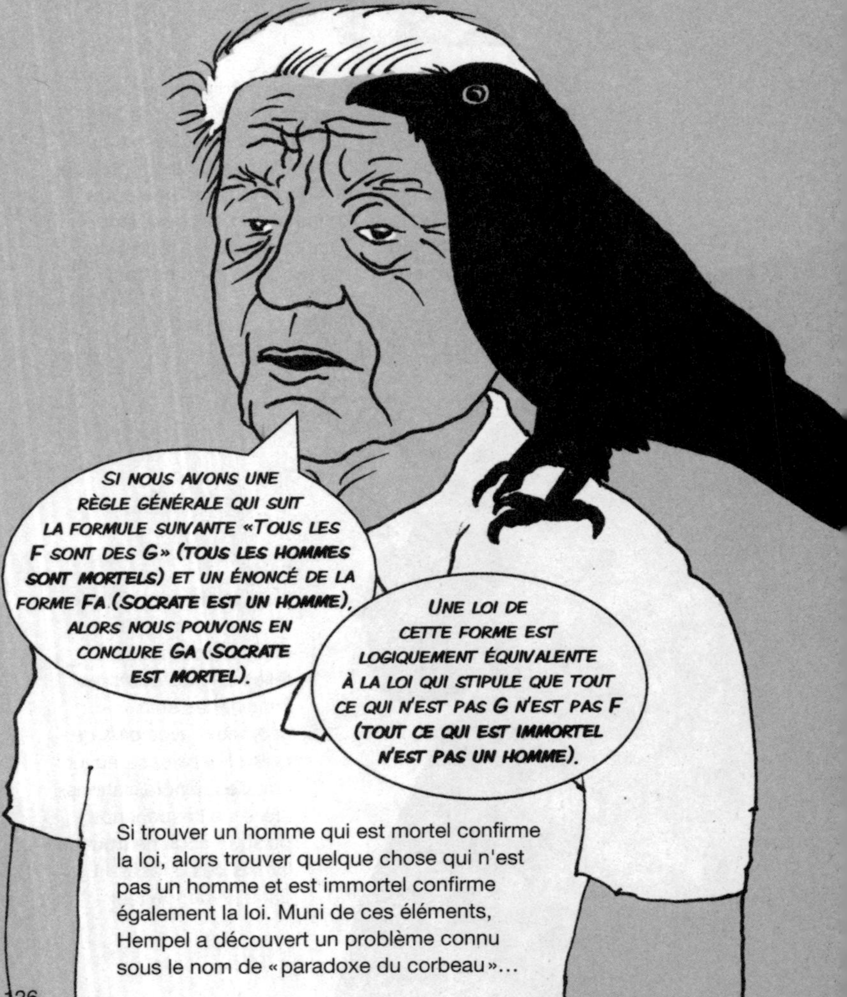

Si trouver un homme qui est mortel confirme la loi, alors trouver quelque chose qui n'est pas un homme et est immortel confirme également la loi. Muni de ces éléments, Hempel a découvert un problème connu sous le nom de «paradoxe du corbeau»...

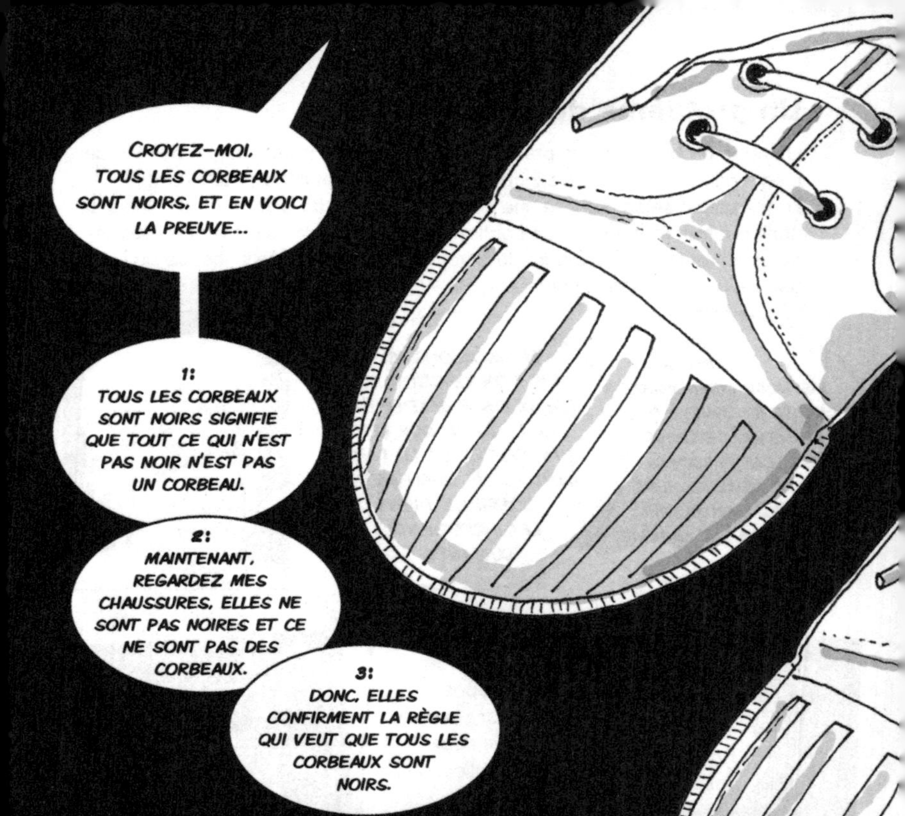

Ce n'est pas un problème de logique mais un problème posé par la logique.

Nous pourrions en théorie prouver que tous les corbeaux sont noirs en vérifiant que tout ce qui n'est pas noir dans l'univers n'est également pas un corbeau. Mais en tant que méthodologie de la science, cela ne sera clairement pas le cas car il faut une paire de chaussures blanches pour confirmer la loi selon laquelle tous les corbeaux sont noirs, autant que le fait un corbeau noir. Le problème est un manque de pertinence même si nous savons que toutes les chaussures de tennis sont blanches, nous ne voyons en aucun cas que cela affecte la couleur des corbeaux.

Un problème de cause à effet

Un autre problème qui se présente avec le compte nomologique de Hempel, c'est qu'il ne fait pas la distinction entre la *cause* et l'*effet*. Par exemple, l'observation selon laquelle une certaine lecture d'un baromètre est liée à la pluie pourrait tout aussi bien confirmer l'opinion selon laquelle la présence de pluie « entraîne » la lecture du baromètre – ou bien que la lecture du baromètre « entraîne » la pluie.

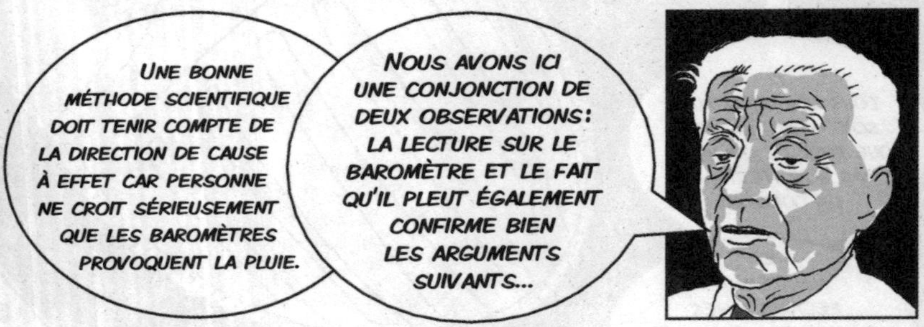

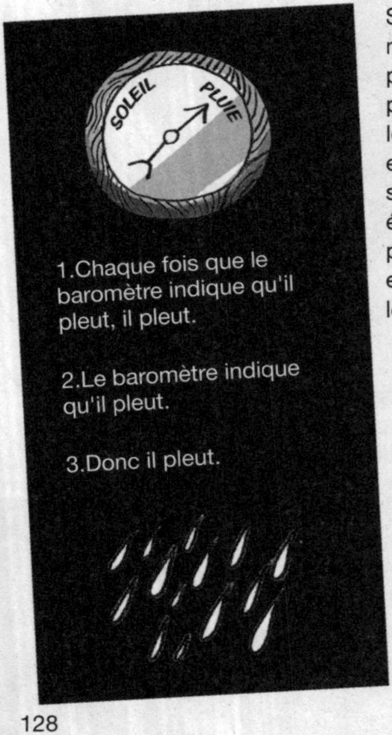

Selon la méthode proposée par Hempel, les deux explications sont également possibles en tant que lois naturelles.

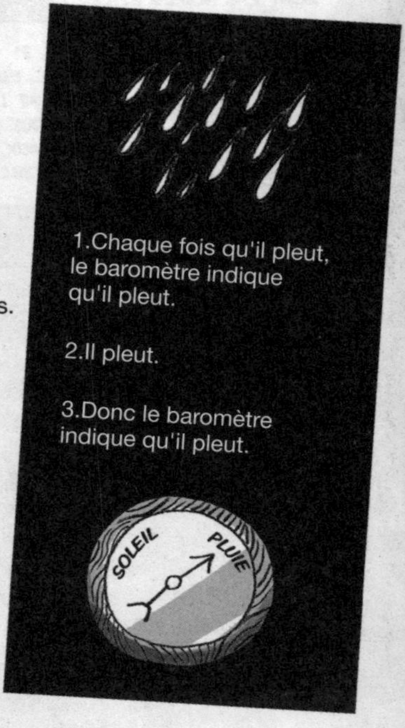

La réponse de Popper à Hempel

Une idée de cause à effet ne suffit pas pour sauver le modèle nomologique. Aujourd'hui, presque personne ne croit en la déduction nomologique. L'idée de la confirmation d'une loi particulière par une observation spécifique est tombée dans l'oubli. Une autre suggestion est arrivée par l'intermédiaire de Karl Popper.

Popper a continué à faire de cela la base de sa méthodologie scientifique. D'après Popper, la meilleure façon de faire de la science n'est pas de chercher la *confirmation* de nos théories mais plutôt d'essayer de les infirmer.

En se débarrassant du problème de la confirmation, Popper pensait que le problème de l'induction était résolu et que la science reposait sur un terrain logique solide.

La théorie de l'infirmation de Popper

Si une théorie est infirmée dans un cas particulier, alors nous la refusons par une déduction très similaire à la méthode de *réduction*.

La suggestion de Popper correspond à la façon dont les scientifiques travaillent en fait. Considérons cet exemple qui a marqué le début de la physique de Newton…

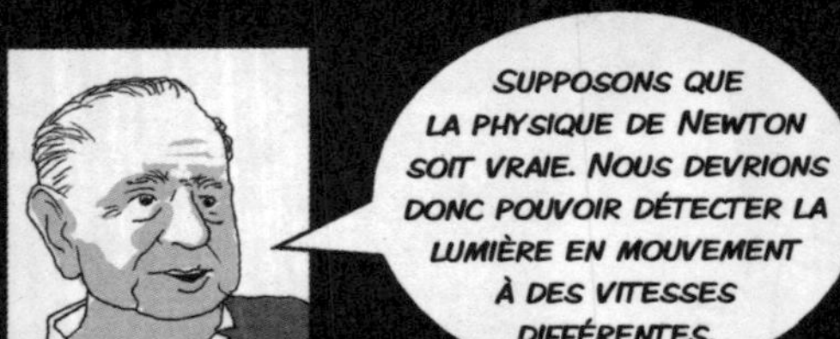

Lorsqu'une théorie est rejetée, la course commence pour une nouvelle théorie qui puisse tenir compte de tous les résultats de l'ancienne théorie et expliquer les nouvelles données empiriques. Si nous nous retrouvons avec deux théories qui peuvent rendre compte des mêmes données, alors nous devrions choisir la plus simple.

La probabilité de la théorie viable

L'infirmation de Popper ou théorie de « réfutabilité » déplace l'induction de son rôle centrale dans la méthodologie de la science. Cela signifie que toutes les inquiétudes à propos de la justification de l'induction et celles de Hempel à propos de la confirmation peuvent être évitées.

Puisque c'est le travail d'une théorie de tenir compte de toutes les observations précédentes et de faire des prédictions précises là où les théories précédentes ont échoué, une nouvelle théorie doit aussi expliquer davantage. Du fait que la science évolue, ses théories s'éloignent du sens commun et deviennent de plus en plus improbables.

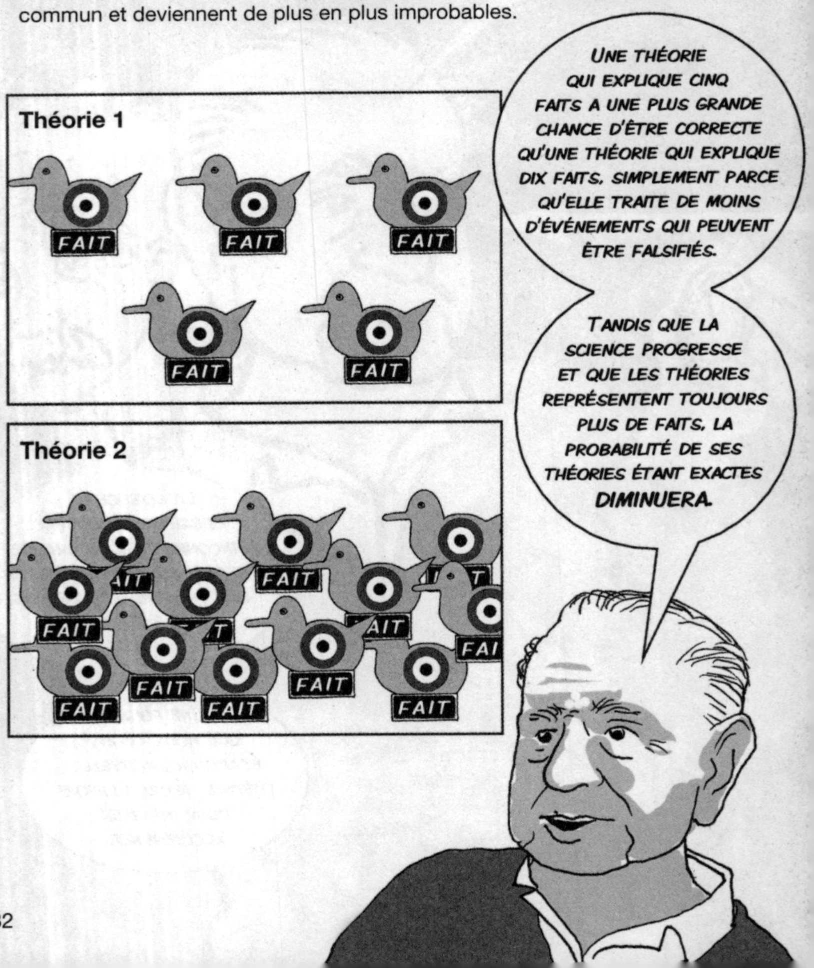

Pendant un temps, l'idée de Popper a converti un certain nombre d'adeptes, jusqu'à ce que **Williard Van Orman Quine** (1908-2000) publie l'article «*Les deux dogmes de l'empirisme*» en 1951.

Du point de vue de Popper, un résultat expérimental peut fausser une théorie scientifique particulière. Par exemple, l'orbite observée de la planète Mercure falsifie la loi de Newton sur l'attraction universelle.

«L'ensemble des convictions» de Quine

Au niveau de la logique, il n'y a rien qui puisse étayer le point de vue de Quine selon lequel nous devrions rejeter la mécanique de Newton et non les lois optiques. Lorsqu'un ensemble de déclarations conduit à une contradiction, au moins une d'entre elles doit être fausse mais la logique ne nous dit pas comment trouver la déclaration en question. Dire que les lois optiques ont été observées à maintes reprises n'aide pas du tout, car il est logiquement possible que notre foi dans les mesures soit déplacée.

La critique formulée par Quine pose la question suivante : comment notre conviction que « la campagne est jolie » peut avoir une influence ou porter sur la question de la mécanique newtonienne ?

Quine pense que la chaîne ne concerne que l'expérience extérieure mais c'est la chaîne qui est mesurée par rapport à l'expérience.

Modifications sur le «réseau»

Les changements apportés à un certain nombre de nos croyances au cœur du réseau auront des répercussions à travers la chaîne, tandis que les modifications apportées aux zones externes plus souples auront moins d'impact sur le reste du réseau. Un changement majeur se produira si nos croyances fondamentales sont contestées – par exemple la conversion de Saint Paul au christianisme.

Quine a déclaré: «*La totalité de nos soi-disant connaissances ou croyances, depuis les questions les plus anodines de géographie et de droit jusqu'aux lois les plus profondes en physique atomique ou même en mathématiques pures et logique, est un tissu synthétique qui empiète sur l'expérience uniquement le long du bord... Un conflit avec une expérience à la périphérie provoque des réajustements dans la partie la plus intérieure du réseau*».

Lorsqu'une quelconque de nos propres croyances se trouve confrontée à une falsification par l'expérience, c'est la chaîne dans son ensemble qui est contestée. D'après Quine, nous essayons de faire aussi peu de modifications que possible pour recevoir une nouvelle expérience. Alors, nous essayons de changer les parties molles du réseau plutôt que celles qui sont dures.

Preuves insuffisantes

Le résultat de ce réseau de croyance, c'est que la science est « indéterminée » ce qui veut dire que les preuves sont insuffisantes pour garantir en toute logique la vérité de nos croyances scientifiques. Car pour obtenir la vérité ou la fausseté de tout énoncé, nous avons besoin d'une multitude d'endroits dissimulés décrivant efficacement l'ensemble de notre réseau de croyances. Comme Quine tient à le souligner, le réseau touche seulement les expériences à *l'extérieur*. L'expérience nous apprend très peu de choses, c'est nous qui en constituons la plus grande partie.

Même la question fondamentale de savoir ce que l'on trouve dans le monde ne peut trouver réponse qu'à la lumière de l'ensemble de nos autres croyances.

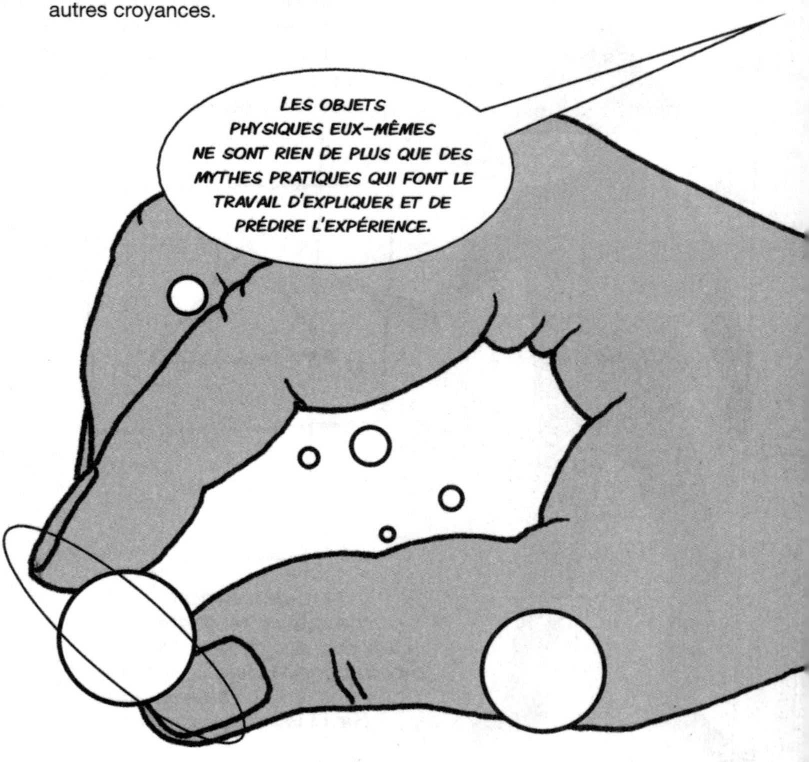

« Les objets physiques sont conceptuellement importés dans la situation comme des intermédiaires pratiques – pas, par définition, en termes d'expérience mais simplement comme des dépôts irréductibles comparables, sur le plan épistémologique, aux divinités d'Homère. Permettez-moi de préciser que pour ma part, en tant que physicien, je crois aux objets physiques et non aux divinités d'Homère et je considère que c'est une erreur scientifique de croire le contraire. Mais au niveau des bases épistémologiques, les objets physiques et les divinités diffèrent uniquement par le degré et non par la nature ».

Le relativisme de Quine

L'idée de Quine a inspiré un certain nombre de personnes pour renoncer à tout espoir d'arriver à des vérités objectives sur le monde grâce à la science. C'est ainsi qu'était né le relativisme de la science.

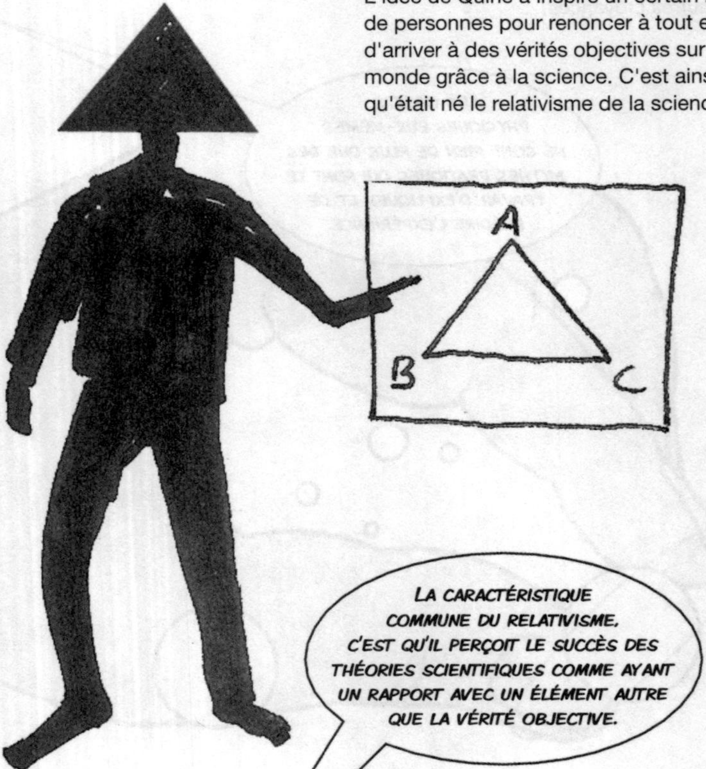

L'idée de Quine remet en question la méthode du choix entre les théories « en simplicité ». Qu'est-ce qui fait qu'une théorie est plus simple qu'une autre ? Au lieu de la simplicité, les philosophes ont suggéré que nous choisissions entre des théories concurrentes pour des raisons aussi diverses que la politique et les gains financiers – ou avantages pragmatiques et préférence esthétique.

Le déni de la méthode scientifique de Feyerabend

La forme la plus extrême de ce point de vue a été exprimée par le philosophe «anarchiste» de la science **Paul Feyerabend** (1924-1994) qui nie l'existence de toute méthode scientifique.

La réponse de Davidson à Quine

Donald Davidson avait de sérieux doutes quant au rejet de la méthode scientifique. Son opposition commence avec la conviction de Quine selon laquelle la logique est en principe révisable.

Cela veut dire que non seulement nous ne pouvons pas éviter une sorte de logique mais aussi que cette théorie de la preuve ne peut pas être elle-même révisable. Car si nous pouvions changer la méthode de la preuve, alors nous n'aurions aucun moyen de savoir ce que pourraient être les conséquences. Donc au moins, le réseau doit posséder un noyau inaltérable.

L'exposé de la vérité

Davidson va plus loin face au relativisme. Si notre réseau est véritablement un « réseau de croyance », alors nous devons supposer qu'il vise la vérité. Croire *quelque chose* et croire que ce quelque chose est *vrai* revient au même. Tous les réseaux doivent partager une base commune de vérité.

L'élévation de la vérité de Davidson avec la logique vers des bases solides n'est pas étonnant puisque la logique, c'est l'étude de la *présentation de la vérité*.

La vérité tranchante face au relativisme

Davidson partage le point de vue de Quine que la science est sous-déterminée mais il rejette le réseau totalement révisable de Quine. À sa place, il y a un réseau partiellement révisable, suspendu entre un noyau dur de logique et les arêtes vives de la vérité. La vérité constitue une base rigide sur laquelle est construite une structure en constante amélioration.

Sciences cognitives et logique

Mis à part l'importance de la logique de la méthodologie scientifique, il y a des sciences qui font un usage évident de logique et même aspirent à être ouvertement logiques. Une telle motivation vient des ordinateurs.

Tout comme vous pourriez parler des programmes d'ordinateur ne sachant absolument rien à propos des composants électroniques sous-jacents, les sciences cognitives espèrent comprendre la conscience humaine sans tenir compte du comportement d'un système de cellules du cerveau sur lequel nous connaissons très peu de choses.

Turing était un fervent partisan de cette hypothèse. Cela a motivé ses tentatives répétées pour créer les premiers ordinateurs numériques. Le boom des sciences cognitives est en grande partie dû au succès des appareils de Turing et à la montée de la linguistique de Chomsky.

La grammaire universelle de Chomsky

L'intérêt de **Noam Chomsky** (1928) pour la linguistique visait la problématique de l'apprentissage des langues. À l'époque, on pensait que les enfants apprenaient la langue en imitant les adultes. Des expériences ont montré que les enfants peuvent créer des phrases grammaticalement correctes qu'ils n'ont jamais entendues. Un enfant de trois ans va corriger la grammaire d'un adulte mais il ne discutera jamais avec lui à propos de faits.

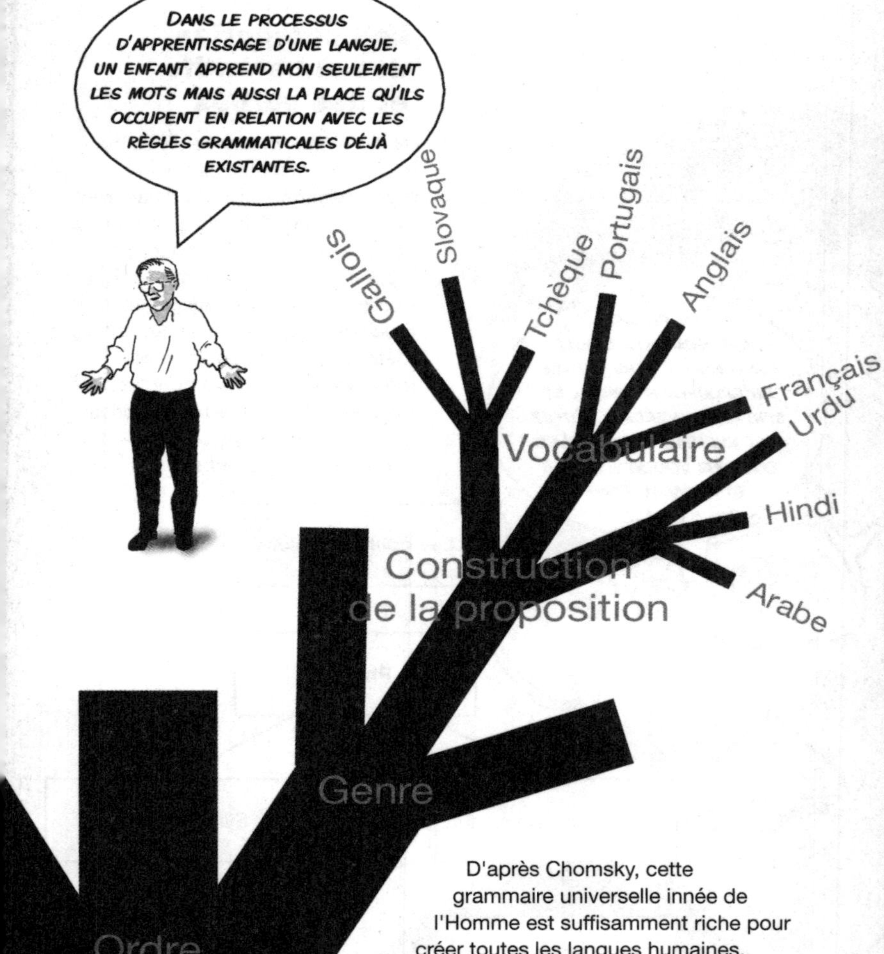

D'après Chomsky, cette grammaire universelle innée de l'Homme est suffisamment riche pour créer toutes les langues humaines. Donc, toutes les langues humaines sont fondées sur la même structure universelle. La grammaire universelle comporte plusieurs configurations possibles qui déterminent la grammaire de toute langue humaine. Cela inclut *l'ordre des mots*, si oui ou non la langue a des noms et des verbes avec un *genre défini* et comment elle construit les *propositions*.

Les catégories des substantifs et des verbes

Notre grammaire innée divise les mots en différentes catégories systématiques. Un enfant naît avec ses catégories. Tandis qu'il apprend le vocabulaire d'une langue, il apprend aussi dans quelle catégorie placer un mot. Ces catégories, avec quelques règles simples de syntaxe, définissent comment les mots peuvent être associés pour former des phrases. Les deux catégories les plus importantes sont les *substantifs* et les *verbes*.

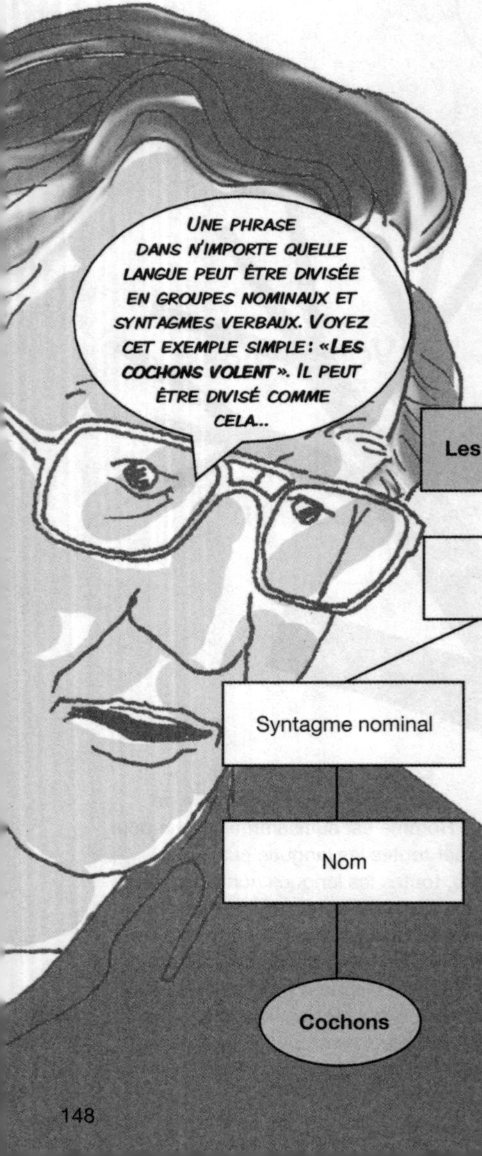

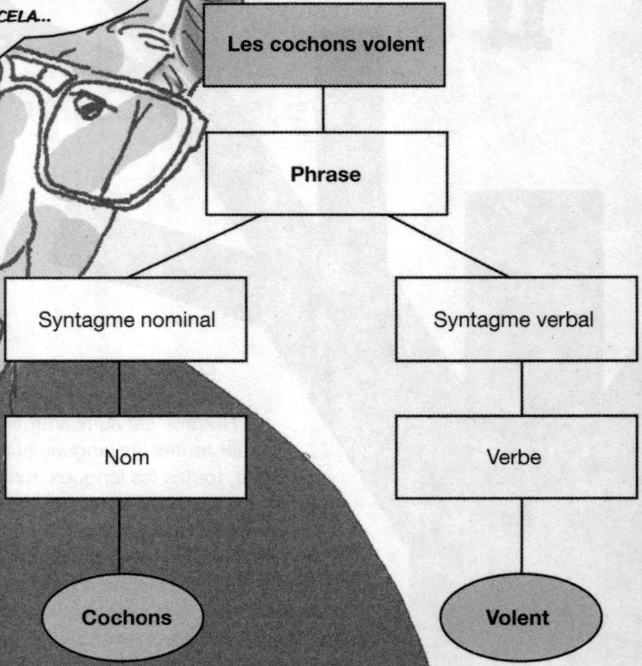

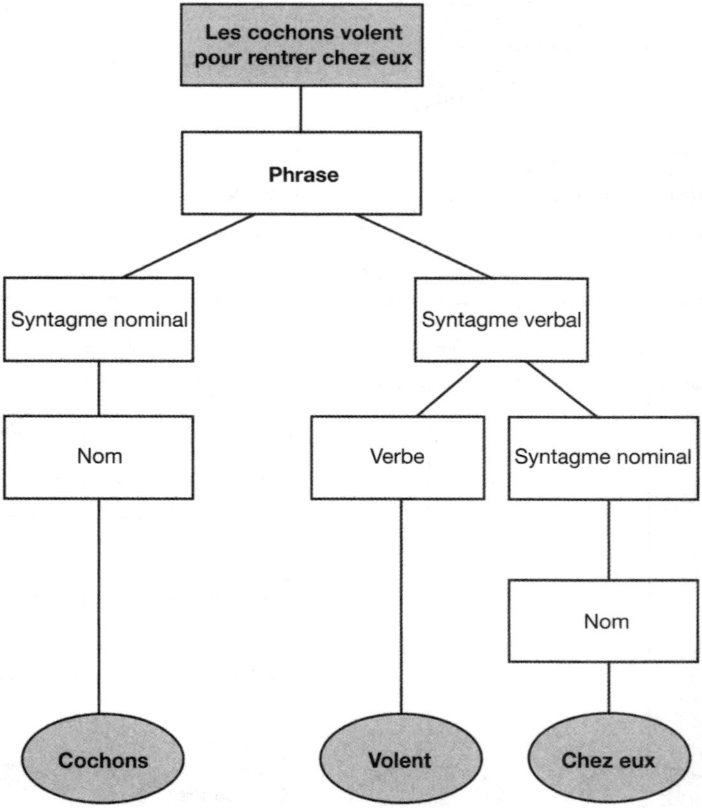

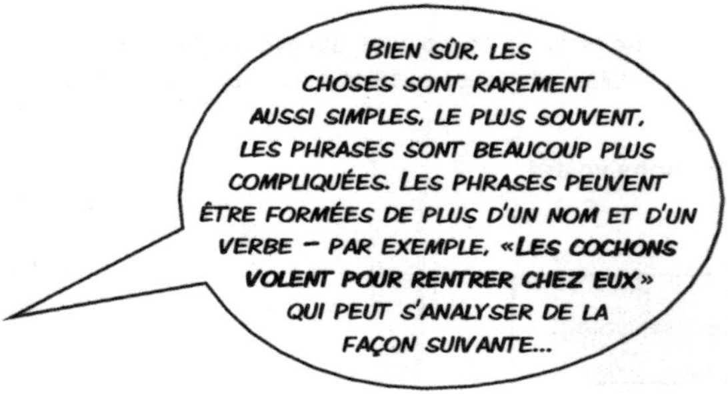
BIEN SÛR, LES CHOSES SONT RAREMENT AUSSI SIMPLES. LE PLUS SOUVENT, LES PHRASES SONT BEAUCOUP PLUS COMPLIQUÉES. LES PHRASES PEUVENT ÊTRE FORMÉES DE PLUS D'UN NOM ET D'UN VERBE – PAR EXEMPLE, «LES COCHONS VOLENT POUR RENTRER CHEZ EUX» QUI PEUT S'ANALYSER DE LA FAÇON SUIVANTE...

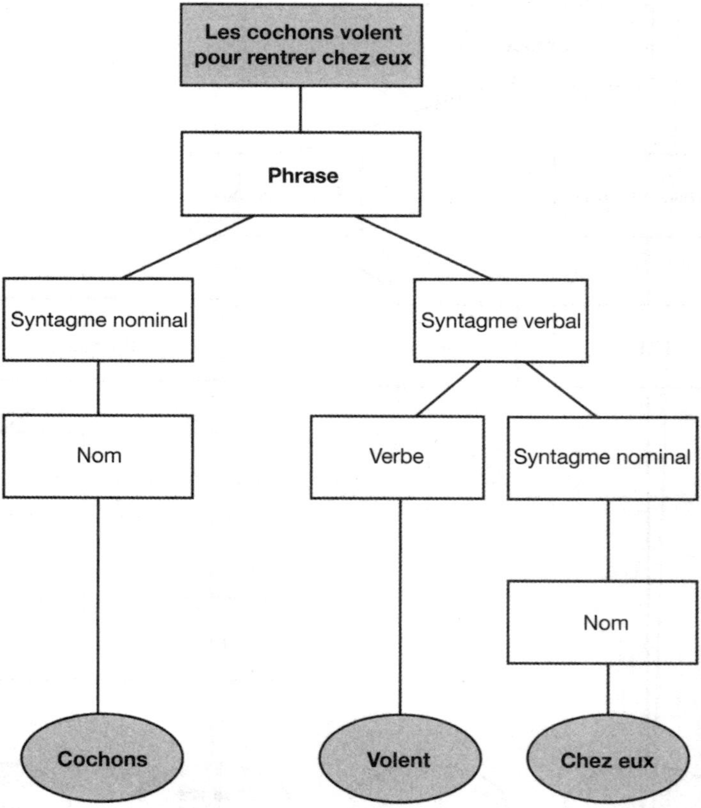
Les cochons volent pour rentrer chez eux
Phrase
Syntagme nominal
Syntagme verbal
Nom
Verbe
Syntagme nominal
Nom
Cochons
Volent
Chez eux

Chomsky a dû tenir compte de phrases complexes qui pouvaient être constituées de phrases nominales, phrases verbales et d'une autre phrase. Par exemple…

John pense que les cochons volent

Voici ce que cela donne…

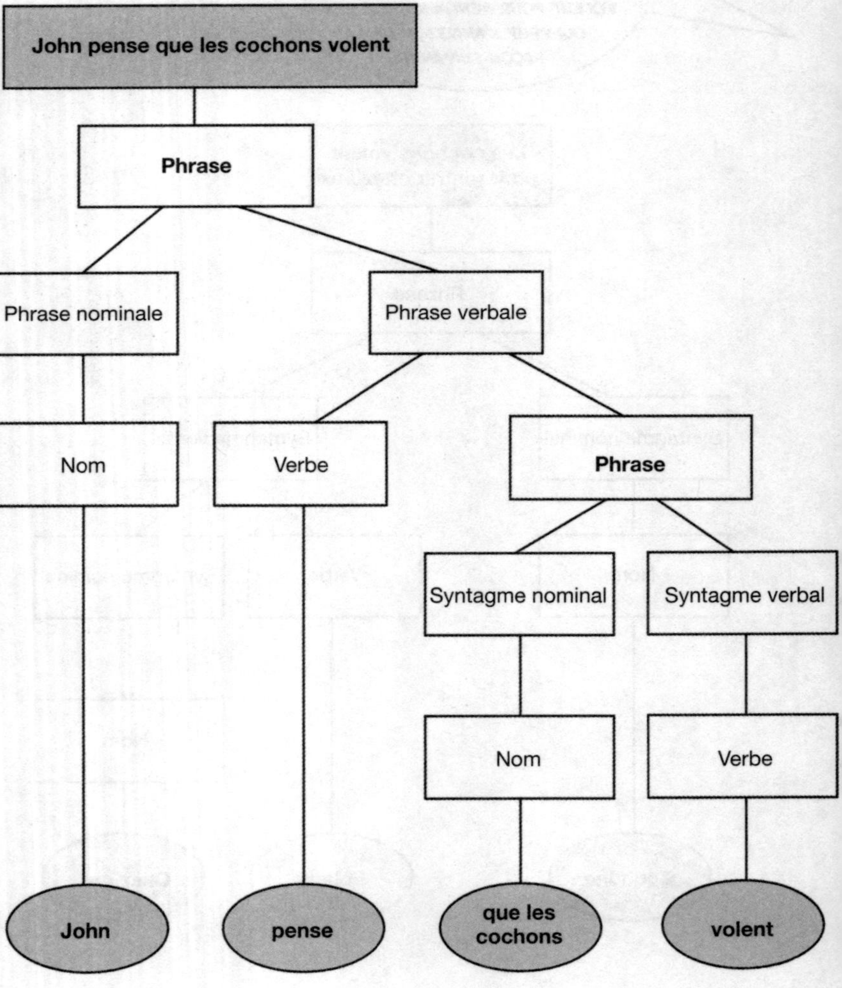

Règles de grammaire récursives

Les règles de construction de la grammaire universelle sont *récursives*. « Récursives » signifie l'application répétée d'une règle, définition ou procédure vers des résultats successifs. Chomsky pensait que c'était la seule manière de tenir compte des phrases de longueur potentiellement infinie. Mais ce n'était pas suffisant. La langue permet une grande variété de constructions linguistiques, dont beaucoup nécessitent de nouvelles règles de combinaison. Finalement, il y a eu tant de règles ajoutées que Chomsky a eu besoin d'une structure de base pour soutenir sa théorie.

La théorie x-barre

Chomsky affirmait qu'un simple ensemble de règles récursives peut expliquer la formation de n'importe quelle phrase grammaticale. Il lui a donné le nom accrocheur de théorie x-barre.

Dans la théorie x-barre, x et y représentent les catégories grammaticales. x-barre et y-barre représentent la phrase grammaticale correspondante. Leur simple règle de formation est la suivante : x-barre = x + y-barre. C'est une formule simple d'application récursive.

Prenons par exemple la phrase suivante : **l'horloge dans le coin**.

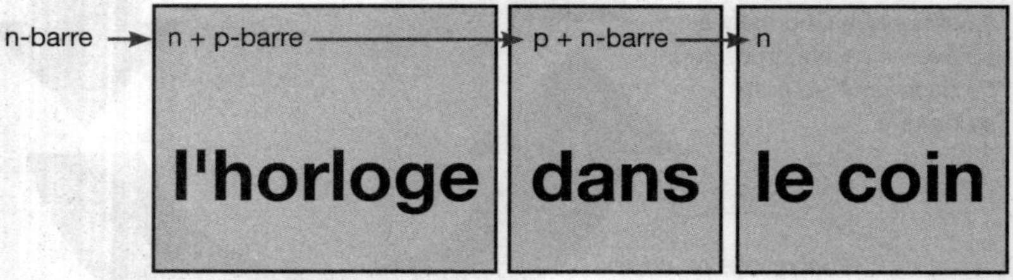

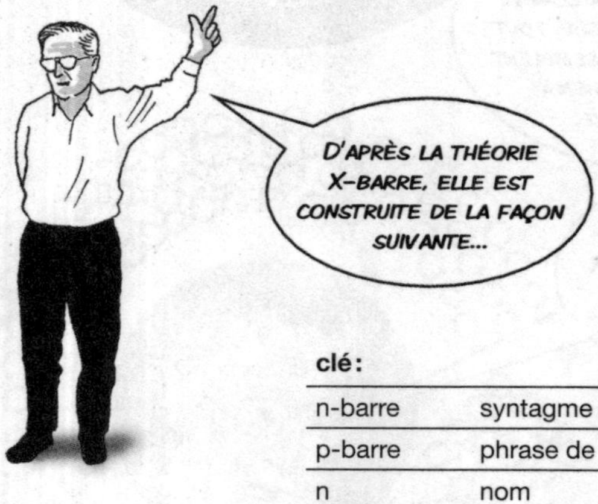

clé :

n-barre	syntagme nominal
p-barre	phrase de préposition
n	nom
p	préposition

Une théorie logique

Chomsky pensait que la théorie x-barre peut expliquer à la fois le processus de l'apprentissage des langues et la compréhension intuitive des gens de leur langue maternelle. Complété par un mécanisme approprié pour l'ordre des mots et les règles de transformation, Chomsky pensait que la théorie x-barre est suffisante pour expliquer toutes les constructions grammaticales dans n'importe quelle langue.

La théorie x-barre est une théorie logique car elle est concernée par la forme plutôt que par le contenu et par la construction de suites de symboles par l'application successive de quelques règles simples.

Si Chomsky a raison, alors notre compréhension de la langue naturelle se ramène à un calcul fondé sur notre grammaire innée.

Influencés par cette idée, certains philosophes éminents ont affirmé que le cerveau était en partie un peu plus qu'un langage informatique de négociation complexe selon les thèmes de Chomsky.

Problèmes de syntaxe et de sémantique

La linguistique de Chomsky va dans le sens de la pensée du langage naturel dans des termes de « modèle théorique ». Chomsky lui-même est plus concerné par la syntaxe que par la sémantique mais il s'aperçoit que pour les langues comme l'anglais, à la différence du français, la syntaxe et la sémantique ne peuvent pas être complètement dissociées.

Chomsky a constaté qu'il devait regarder la sémantique de chaque mot afin d'expliquer la raison pour laquelle certaines phrases qui semblent bien formées au niveau de la syntaxe sont en fait dénuées de sens. Par exemple :

« I cried

her. »

La différence entre les phrases grammaticalement correctes et incorrectes doit reposer sur la *signification* du verbe.

Chomsky suggère des catégories qui décrivent si le mot est *actif* ou *passif*, s'il implique une *intention* et ainsi de suite. Les règles qui régissent le comportement de ces catégories font partie d'un modèle sémantique très complexe qui peut être encore amélioré.

Structures grammaticales complexes

La linguistique de Chomsky a connu beaucoup de succès au départ dans le traitement des langues structurées comme l'anglais et le français. Mais elles possèdent un certain nombre de dialectes – par exemple, le Cockney et le verlan parisien – et de plus un grand nombre d'accents régionaux. La linguistique de Chomsky aspire à leur trouver une explication. Pour ce faire, elle a été obligée d'ajouter progressivement plusieurs couches de structure grammaticale.

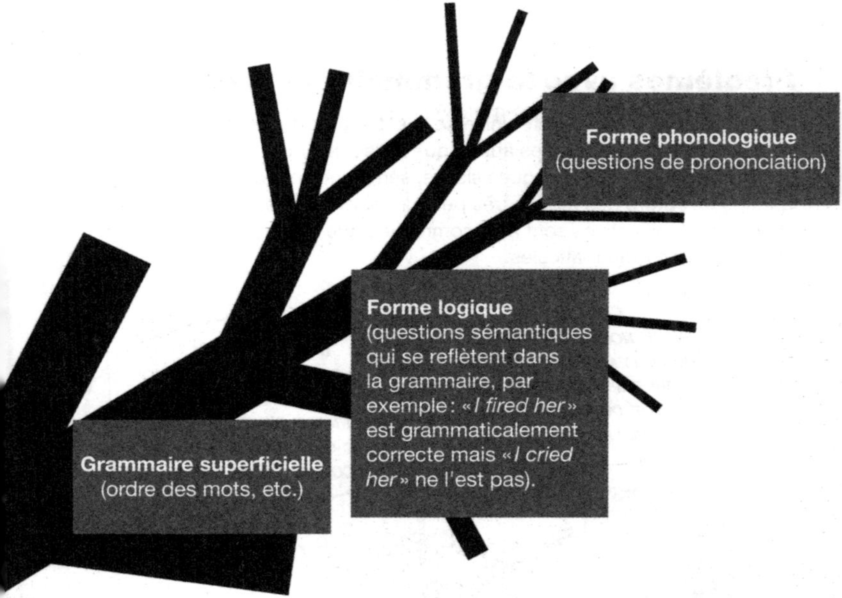

Chaque étape de la hiérarchie de Chomsky contient une énorme quantité d'information et son propre ensemble de règles récursives. Cette structure fonctionne en même temps que d'autres structures complexes, comme le *vocabulaire* de la langue et la *morphologie* du mot – la structure des mots eux-mêmes.

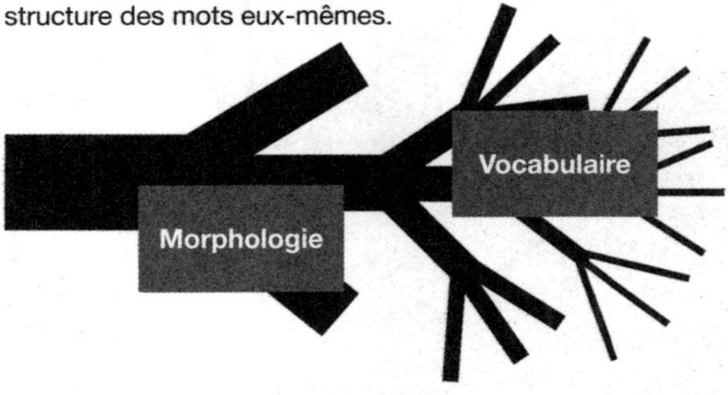

La quantité d'informations impliquées est si grande qu'il semble improbable que l'évolution humaine puisse avoir généré une structure aussi complexe. Cela conduit à se poser la question de savoir s'il y a suffisamment d'espace ou de structure dans le cerveau du nouveau-né pour contenir toutes ces informations.

Problèmes avec la grammaire « universelle »

L'hypothèse de la grammaire universelle est également ébranlée lorsque nous examinons des langues autres que celles de l'Europe occidentale, comme par exemple les langues slaves, sémitiques et aborigènes. Dans ces langues-là, l'ordre des mots a très peu d'importance. Tandis que certaines structures significatives sont plus communes que d'autres, très peu sont réellement non grammaticales.

L'absence de noms abstraits dans les langues réelles prouve que les langues peuvent exister sans eux, ce qui, à son tour, met en doute la question de savoir si nous sommes tous nés avec une compréhension innée de ces noms-là.

Il faut se rappeler que la linguistique générative est une science relativement nouvelle, il n'est donc guère surprenant que les théories doivent évoluer pour tenir compte des cas difficiles. À l'heure actuelle, nous n'avons simplement pas de meilleure explication.

Le modèle symbolique du cerveau

Inspirés par le succès de la linguistique de Chomsky, de nombreux philosophes et psychologues aspirent à expliquer la vie mentale de l'Homme comme Chomsky a essayé d'expliquer le langage. Ils conçoivent le mental comme étant le résultat d'un nombre immense de manipulations logiques dans le cerveau. Ce programme se divise *grosso modo* en deux camps, chacun employant deux systèmes logiques différents. Nous pouvons l'imaginer avec deux modèles : le I-Robot et le Y-Robot.

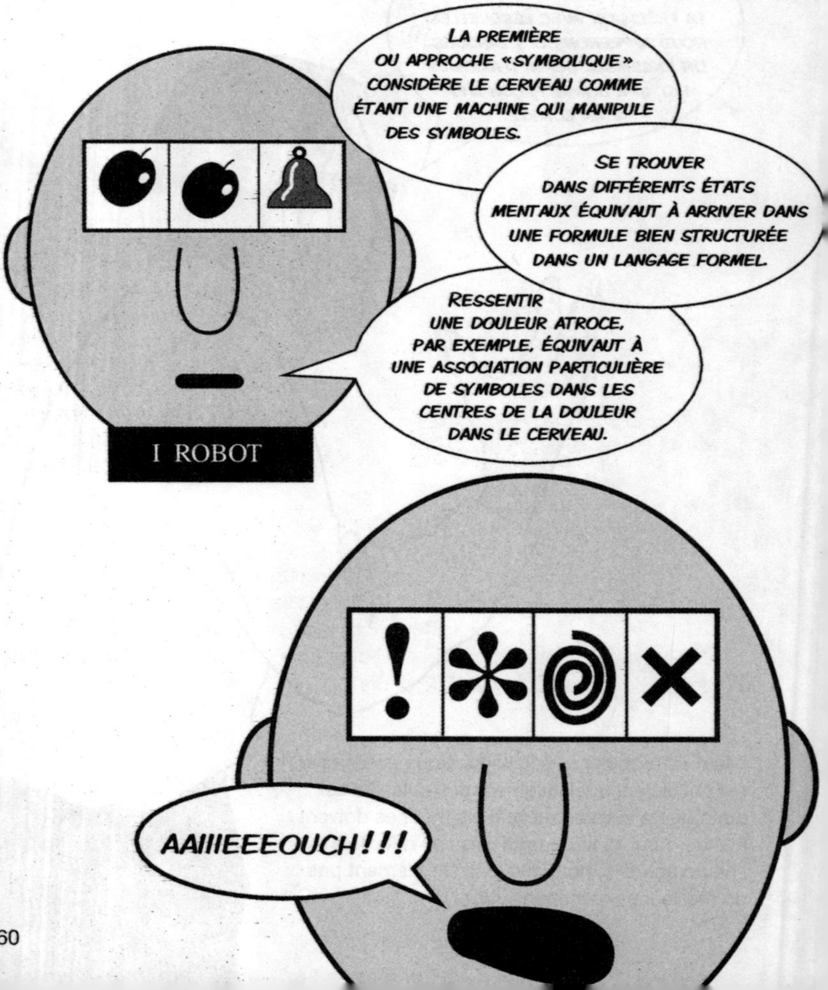

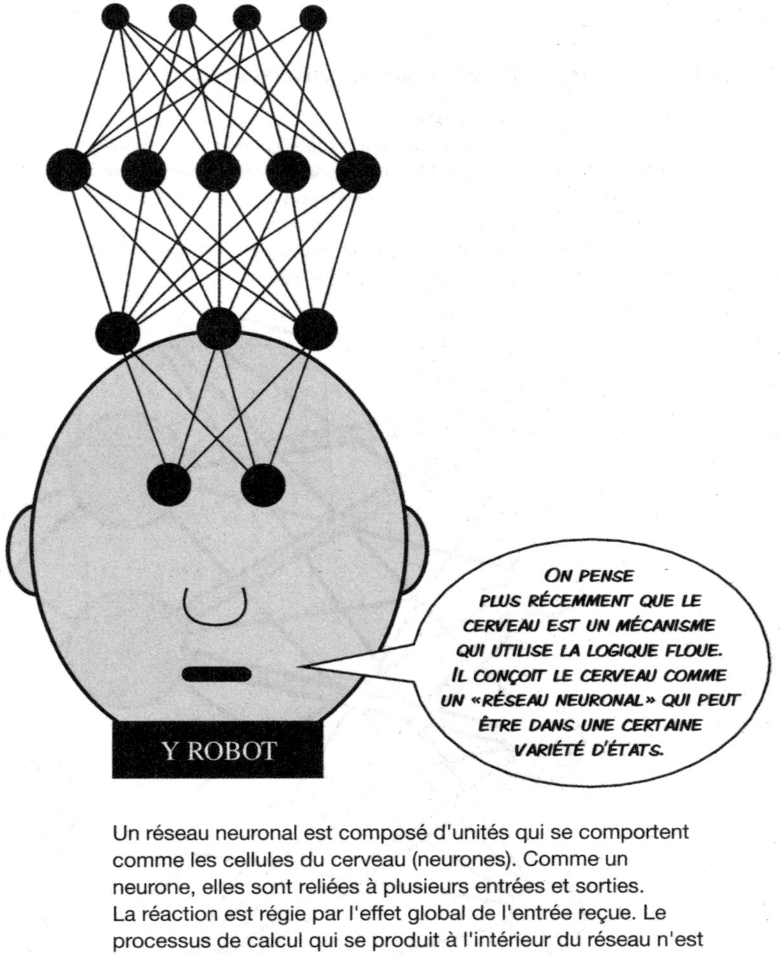

Un réseau neuronal est composé d'unités qui se comportent comme les cellules du cerveau (neurones). Comme un neurone, elles sont reliées à plusieurs entrées et sorties. La réaction est régie par l'effet global de l'entrée reçue. Le processus de calcul qui se produit à l'intérieur du réseau n'est pas semblable à une déduction formelle. La seule façon que nous avons de modéliser ce comportement est statistique, et à ce titre, nous savons très peu de choses à propos d'un réseau en particulier.

Un réseau neuronal simple ressemble à cela…

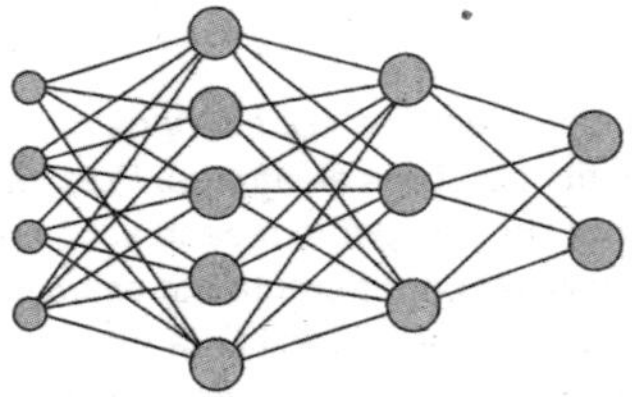

Formation d'un réseau neuronal

Supposons que nous entraînions un réseau neuronal pour produire des mots anglais « parlés » correctement à partir d'un texte. L'entrée serait des lettres et la sortie des sons. Les « neurones » doivent apprendre à relier correctement les deux. Le système apprend en reliant différents niveaux d'importance à différentes entrées et sorties. Cela s'effectue en multipliant chacune des connections par un nombre différent (représentées par des lignes sur le diagramme).

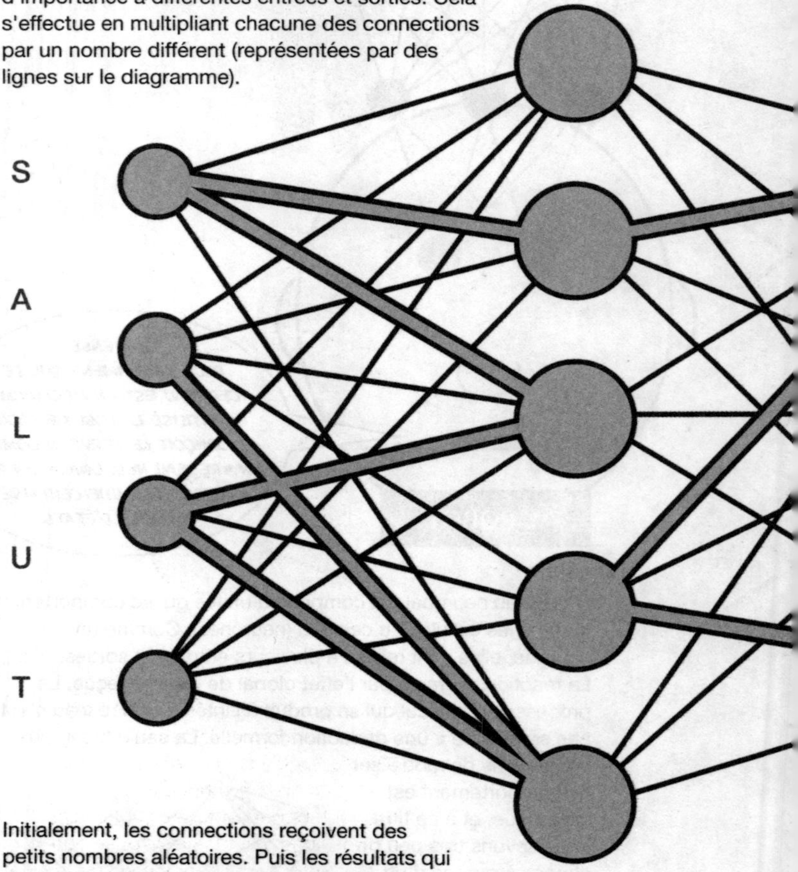

Initialement, les connections reçoivent des petits nombres aléatoires. Puis les résultats qui sont donnés par le réseau sont corrigés et une pondération différente est essayée. La machine va continuer à modifier la pondération tout en produisant des résultats statistiquement améliorés.

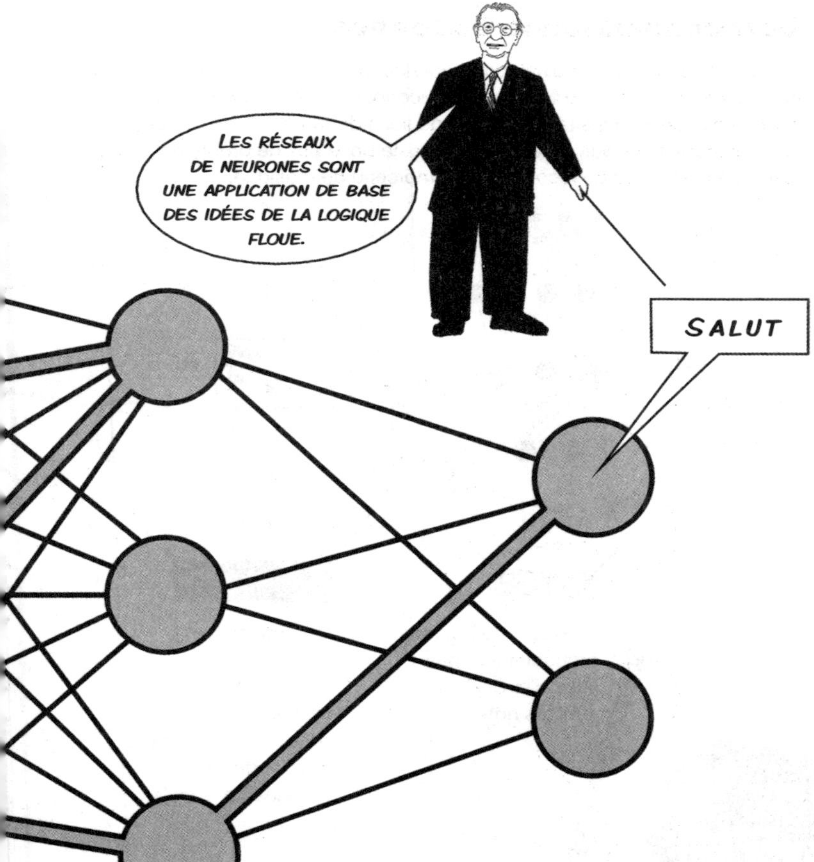

D'abord, les réseaux sont reliés à diverses sorties et il y a diverses situations qui les déclencheront. Cela contraste avec le fonctionnement d'un distributeur qui est fondé sur le calcul propositionnel et qui ne dispose que d'une sortie pour chaque niveau. Ensuite, les différentes pondérations attribuées aux différentes connections sont un équivalent numérique aux multiples valeurs de vérité de la logique floue.

La reconnaissance de formes

Comparativement aux ordinateurs numériques, les réseaux de neurones sont particulièrement bons au niveau de la *reconnaissance de formes*. Cela les conduit à exceller dans la production de sons de mots à partir de texte là où un ordinateur classique pataugerait. Cela ne pose pas de problème pour un réseau de neurones de reconnaître un morceau de musique…

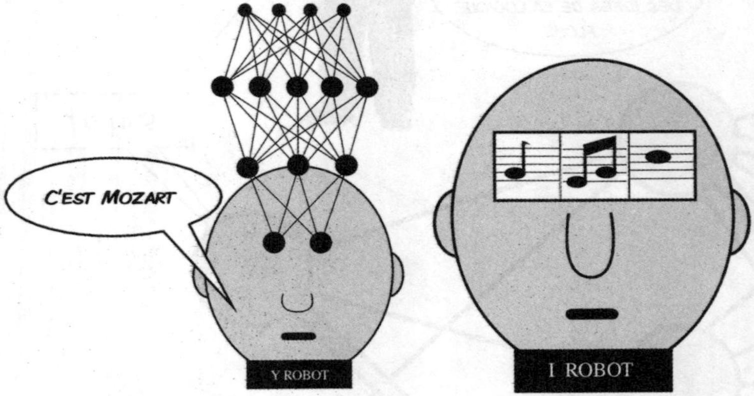

… mais il ne pourrait probablement pas vous dire quelles sont les notes.

Un ordinateur numérique pourrait facilement reconnaître les notes mais il est très difficile de lui faire reconnaître le style.

Le cerveau humain semble se comporter de façon similaire. Les êtres humains trouvent très facile de classer les choses en catégories mais ils passent de nombreuses années à apprendre comment faire des mathématiques.

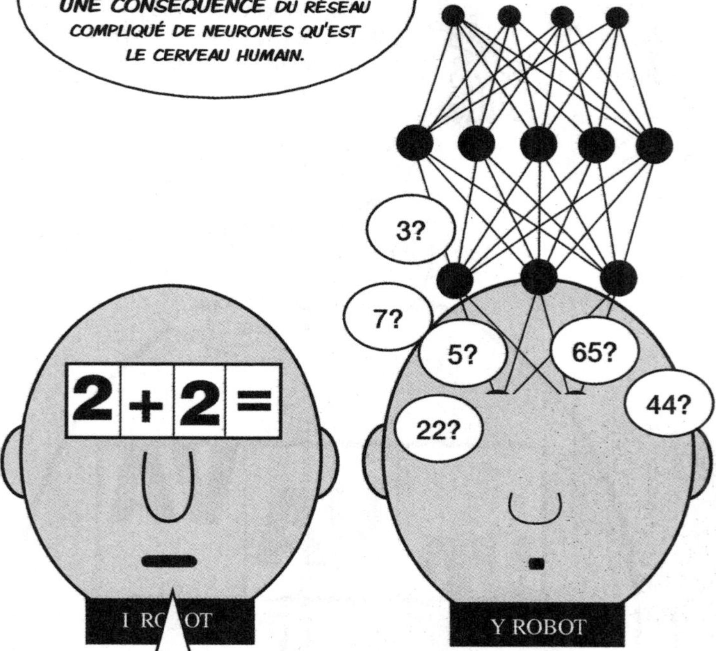

Cela signifie que les réseaux de neurones sont très mauvais dans les choses comme les mathématiques, le raisonnement logique et apprendre à respecter la syntaxe linguistique.

Le modèle de comportement rationnel

L'hypothèse dominante à propos de l'esprit, c'est que nous devrions penser qu'il s'agit d'un modèle impliqué dans la production du comportement rationnel. Selon cette théorie, l'une des principales caractéristiques de l'esprit conscient c'est d'agir pour une raison. Certains psychologues cognitifs croient que cela est rendu possible par un modèle d'action rationnelle intégré dans le cerveau humain. On prétend que nous trouvons du sens à notre propre comportement psychologique et à celui des autres au moyen de ce modèle. Il est basé sur la méthode d'Aristote du syllogisme pratique…

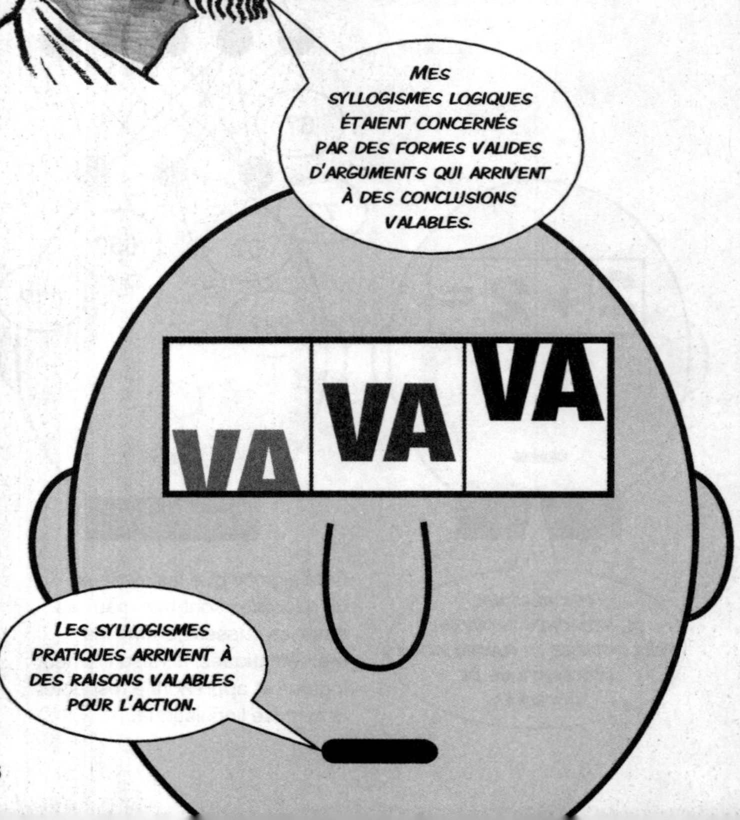

Raison pratique

Dans un syllogisme pratique, la première prémisse est une déclaration d'intention. Par exemple : **je veux manger**.

La seconde prémisse est une affirmation. Par exemple : **il y a de la nourriture dans mon réfrigérateur**.

Elles conduisent à une conclusion qui recommande un plan d'action : **je devrais aller voir mon réfrigérateur**.

On affirme également que nous possédons une sorte de « mécanisme de délibération » qui extrait les objectifs par rapport aux besoins. Ils sont ensuite associés à l'image du monde pour justifier l'action. C'est ce que l'on appelle le modèle « certitude/envie ».

Qu'est-ce que la conscience ?

Bien que la plupart des psychologues cognitifs et des philosophes de l'esprit partagent cet avis, il y a encore beaucoup de désaccords en suspens.

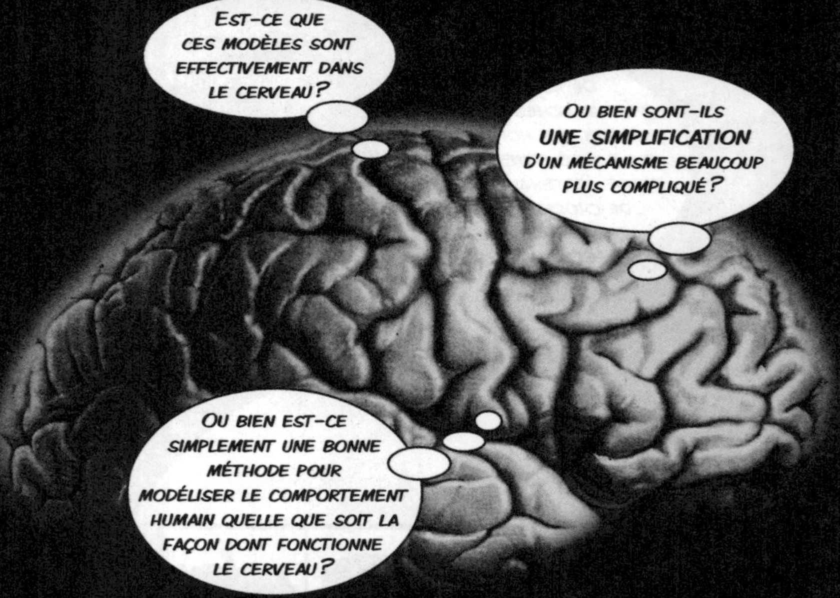

Quelles que soient les différences, le fait est que tous voient le cerveau comme une machine qui suit les règles de la pensée rationnelle. Notre vie consciente est le résultat de réactions électro-chimiques dans le cerveau qui instancie une machine de manipulation logique extrêmement complexe. Que ce soit convaincant ou non, beaucoup d'efforts sont fournis pour décrypter le programme informatique qu'est la conscience humaine.

La place de la logique

La logique pénètre dans toutes les formes de la recherche humaine. Tous les bons arguments devraient être logiques, ils doivent donc suivre les règles logiques pour montrer que les conclusions découlent des prémisses. La logique elle-même fait très peu d'allégations sur quoi que ce soit. C'est un outil, une méthode d'analyse.

La logique peut être utilisée pour davantage que cela. L'accent que la logique moderne met sur les règles syntaxiques nous permet de l'utiliser pour tout, depuis l'électronique numérique jusqu'à l'analyse du langage.

Changement de vision de Wittgenstein

La logique semble être une partie inséparable de notre vie. Mais tout le monde n'est pas convaincu que la logique soit si essentielle. Dans sa période plus tardive, Wittgenstein s'est éloigné de la foi qu'il avait dans la logique en étant plus jeune. Dans un échange célèbre qu'il a eu avec Turing, il tenait à mettre l'accent sur les conséquences pratiques par rapport aux inquiétudes théoriques. Avec le scepticisme à propos du rôle tenu par la logique est arrivée une nouvelle vision de la philosophie.

Si quelqu'un croit qu'il a trouvé la solution au « problème de la vie »... alors afin de se réfuter, il devrait simplement se souvenir qu'il y avait un temps où cette « solution » n'avait pas été trouvée, mais à cette époque-là aussi, on devait pouvoir vivre aussi...

Sans surprise, en arrivant à la fin d'un siècle dans lequel la logique a connu de tels succès concrets, très peu sont préparés à suivre Wittgenstein dans sa ligne de pensée. Au lieu de cela, la logique continue de jouer un rôle dans la formation des bases de la science occidentale, des mathématiques et de la technologie.

QUE CELA APPARTIENNE À L'ESSENCE DE LA PENSÉE ET DU LANGAGE OU NON, LA CAPACITÉ DE PENSER DE MANIÈRE SYSTÉMATIQUE ET DE PROUVER QUE VOUS PENSEZ PAR ÉTAPES QUI SE SUIVENT LES UNES LES AUTRES, S'AVÈRE ÊTRE UN AVANTAGE ÉVIDENT LORSQU'IL EST APPLIQUÉ À UNE GRANDE VARIÉTÉ DE CONTENUS.

Pour en savoir plus

Logique grecque

Aristote, « Prior Analytics », in J. Barnes (ed), *The Complete Works of Aristotle*, Princeton University Press (1984). Les notes les plus précises d'Aristote à propos de sa logique.

Barnes, J. (ed), *The Cambridge Companion to Aristotle*, Cambridge University Press (1995). Il contient des articles sur tous les aspects de la philosophie d'Aristote, y compris un excellent article sur sa logique réédité par R. Smith.

Gerson, L.P. And Inwood, B. (trans.), *Hellenistic Philosophy: Introductory Reading*, Hackett (1998). Il contient des traductions de différents textes de la philosophie post-Aristote, y compris une quantité raisonnable de logique stoïcienne.

Logique et mathématiques

Frege, G. *Begriffsschrift* (1879). On peut trouver une traduction complète dans J. van Heijenoort (ed). Le récit de Frege à propos de son dispositif officiel qui a ouvert la voie à des recherches ultérieures mais qui a été dépassé.

The Foundations of Arithmetic, trad. J.L. Austin, Blackwell (1953). Un compte-rendu informel très apprécié sur la vision de Frege à propos de la nature des nombres ainsi que sur certaines de ses revendications clés dans la philosophie du langage.

The Basic Laws of Arithmetic, trad. M. Furth, University of California Press (1964). Une combinaison du *Begriffsschrift* et de *The Foundations of Arithmetic*.

Gödel, K. « Sur des propositions officiellement indécidables des principes mathématiques et des systèmes connexes », dans *Kurt Gödel: Collected Works*, vol. 1, ed. S. Feferman, Oxford University Press (1990). Là où demeure la preuve de l'incomplétude. Presque impossible à comprendre sans une quantité significative de logique symbolique.

Van Heijenoort, J. (ed.). *From Frege to Gödel: A Source Book in Mathematical Logic*, 1879-1931, Havard University Press (1967). Ce recueil très utile présente des travaux clés de Frege, Hilbert, Brouwer et Gödel. Ne s'adresse pas aux débutants.

Hilbert, D. « On the Infinite », in J. van Heijencort (ed). Un compte-rendu complet de Hilbert sur les fondements des mathématiques.

Kenny, A. *Frege*, Penguin (1995). Introduit les principales idées de Frege de façon accessible qui ne requiert pas de lectures préalables.

Nagel, E. and Newman, J.R. *Gödel's Proof*, Routledge (1959). Une introduction courte, claire et facile à la preuve du même nom.

Russell, B. and Whitehead, A.N. *Principia Mathematica* (1910-13), seconde édition, Cambridge University Press (1994). Un opus en deux volumes qui propose un compte-rendu officiel des fondements de l'arithmétique.

Russell, B., *Introduction to Mathematical Philosophy*, Allen and Unwin (1919), réimprimé par Routledge (1993) avec une nouvelle introduction. Un récit plus court, moins officiel des fondements de l'arithmétique.

Logique et langage

Carnap, R. « Intellectual Autobiography », in Paul A. Schlipp (ed). *The Philosophy of Rudolf Carnap*, Open Court Publishing (1963). Carnap esquisse son propre raisonnement intellectuel d'une façon relativement accessible.

The Logical Syntax of Language, trans. Amethe Smeaton, Kegan Paul, Trench, Trubner & Co (1937). Un ouvrage de poids qui développe les propositions de Carnap.

Chomsky, N. *Generative Grammar: Its Basis, Development and Prospects*, Kyoto University of Foreign Studies (1988). Donne une explication de départ

et donc moins compliquée du système de la grammaire générative.
Davidson, D. *Inquiries into Truth and Interpretation*, Oxford University Press (1984). Une collection d'articles de Davidson concernant ses idées sur le langage, y compris «Truth and Meaning» (1967) et «Radical Interpretation» (1973).
Heaton, J. and Groves, J., *Introducing Wittgenstein*, Icon Books (1999). L'un des meilleurs textes qui regroupe ses points de vue du début et de la fin, tout en constituant un «simple» aperçu.
Maher, J. and Groves, J. *Introducing Chomsky*, Icon Books (1999). Un aperçu facile à lire sur les pensées de Chomsky.
Neale, S., *Descriptions*, MIT Press (1990). Exposition claire et défense de la théorie des descriptions de Russell.
Russell, B. «On Denoting» (1905), reproduit dans *Logic and Knowledge: Essays* 1901-1950, Allen and Unwin (1956). Article classique exposant la théorie des descriptions. Il couvre une grande partie du même domaine que l'*Introduction to Mathematical Philosophy*, ch. XVI de Russell.
Wittgenstein, L. *Tractatus Logico-Philosophicus*, Routledge. Deux traductions sont disponibles: la première par C.K. Ogden (1922), approuvée par Wittgenstein lui-même, tandis que la seconde de D.F. Pears et B.F. McGuiness (1961) est généralement préférée à l'autre. L'un des ouvrages les plus difficiles et enrichissants de la philosophie du 20e siècle. Berceau de la théorie de l'image et des tables de vérité.
Philosophical Investigations, trans. G.E.M. Anscombe, Blackwell (1953). Rejet de réflexion brillant sur ce qui est arrivé avant et a suivi, y compris son précédent *Tractatus*.

Logique et sciences

Davidson, D. «On the Very Idea of a Conceptual Scheme» (1974), réimprimé dans ses *Inquiries into Truth and Interpretation*. Une attaque articulée sur le relativisme.
Hume, D. *A Treatise of Human Nature* (1739), ed. D.F. Norton and M.J. Norton, Oxford University Press (2000). Une autre étape dans la philosophie et l'origine supposée du scepticisme inductif.
Kuhn, T.S., *The Structure of Scientific Revolutions* (1962), seconde édition, University of Chicago Press (1970). Un cas clair, bien argumenté et bien écrit à propos du relativisme.
Popper, K., *Objective Knowledge: An Evolutionary Approach*, Clarendon Press (1972). Popper plaide pour rejeter l'idée selon laquelle la science a besoin d'induction.
Quine, W.V.O., «Two Dogmas of Empiricism» (1951), réimprimé dans son *From a Logical Point of View*, Harvard University Press (1953). Un texte classique, la dernière partie proposant une courte introduction au réseau de croyance.

Paradoxes

Sainsbury, M. *Paradoxes*, seconde édition, Cambridge University Press (1995).
Williamson, T., *Vagueness*, Routledge (1994à. Un ouvrage entier consacré au raisonnement sorite.

Livres

Larson, R. and Segal, G. *Knowledge of Meaning: An Introduction to Semantic Theory*, MIT Press (1995). Le plus proche que l'on puisse trouver d'un livre sur la théorie sémantique formelle aussi accessible que ce genre de choses arrive.
Machover, M. *Set Theory, Logic and Their Limitations*, Cambridge University Press (1996). Un livre de pointe, très respecté.
Tomassi, P. Logic, *Routledge* (1999). On compte des centaines de livres sur la logique élémentaire , c'est l'un des meilleurs.

Index